纺织服装类"十四五"部委级规划教材

# CorelDRAW
# 童装款式绘制

编　著：贺小红　曾四英　文观秀　陈满红

东华大学出版社·上海

**图书在版编目（CIP）数据**

CorelDRAW 童装款式绘制 / 贺小红等编著 . -- 上海：
东华大学出版社 , 2023.7

ISBN 978-7-5669-2224-3

Ⅰ . ① C… Ⅱ . ① 贺… Ⅲ . ① 童服 – 服装设计 – 计算
机辅助设计 – 图形软件 Ⅳ . ① TS941.26

中国国家版本馆CIP数据核字(2023)第111811号

责任编辑　谢　未
版式设计　赵　燕
封面设计　Ivy哈哈

# CorelDRAW童装款式绘制

编　著：贺小红　曾四英　文观秀　陈满红
出　版：东华大学出版社
（上海市延安西路 1882 号　邮政编码：200051）
出版社网址：dhupress.dhu.edu.cn
出版社邮箱：dhupress@dhu.edu.cn
营销中心：021-62193056　62373056　62379558
印　刷：上海当纳利印刷有限公司
开　本：889mm×1194mm　1/16
印　张：10
字　数：352 千字
版　次：2023 年 7 月第 1 版
印　次：2023 年 7 月第 1 次印刷
书　号：ISBN 978-7-5669-2224-3
定　价：59.00 元

# 前言
## Preface

    本书通过分析童装款式与儿童体型的关系，按照儿童的基本比例，运用CorelDRAW最新版本为不同类型的童装设计一个基础模型（简称基型），在基型的框架上，运用各种工具绘制出丰富的童装款式。

    本书分为7个项目，包括连体哈衣、童装T恤、衬衫、半身裙、裤子、连衣裙、外套的款式绘制，全面、系统地阐述了各类童装款式特点和绘制方法。每个项目有4个大任务，包含款式基型的绘制、拓展变化的元素点、自由设计实例、款式课后练习。在大任务中又设置不同的任务点，力求将项目涉及的要点一一讲解清楚。

    本书立足于说明款式基型设计的依据和软件绘制的步骤、工具的使用方法，基于全面、实用、合理的要求，选择时尚美观、符合市场流行的款式，联系实际学习和运用，进行了类型丰富的实例讲解，详细说明了具体的绘制过程。其中，包括比例的数值确定、线稿的绘制、颜色的填充、各种图案的制作方法、立体感的简单表现方法等。所采用的实例具有较强的指导性和可操作性，可以让学习者对照练习不同的实例，从而熟练掌握CorelDRAW童装款式绘制的精髓，并深入了解童装款式的表现方法。

    本书主要由贺小红、曾四英、文观秀、陈满红具体编写，她们结合多年辅导学生技能大赛的需求，凝练了指导过程中的心得。同时在撰写过程中，也得到了童装设计师潘平霞的帮助和指导。

    CorelDRAW作为服装款式图绘制常用的软件，其中的工具、功能随着升级而不断丰富和强大，本书所展示的技法并非具有唯一性。同时由于编者水平有限，虽经反复比对，仔细修改，书中难免有一些不足之处，希望广大读者批评指正。

编者

2023年6月

# 目 录
## contents

# 目录
# contents

# 目录
# contents

# 项目一 连体哈衣款式绘制

图1-1

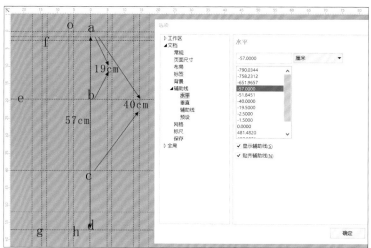

图1-2

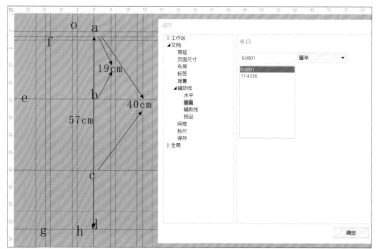

图1-3

## 任务1 连体哈衣基型绘制

### 1.1 连体哈衣——款式特点

连体哈衣又称连身衣、连体衣、爬服。它既可以保护婴幼儿的肚脐不着凉，又便于爬行，同时，一体式设计还保护了新生儿的娇嫩肌肤。连体哈衣可以根据开扣形式分为全开扣和蝴蝶式；根据包脚的形式可分为包脚和露脚式；根据下半部的造型可分为三角式和平角式（图1-1）。

### 1.2 连体哈衣——基型绘制步骤

步骤1——新建文件，设置图纸标尺及绘图比例。

步骤2——水平辅助线设置：a点为前中心点（坐标原点），a—b的距离为胸高点，a—c的距离为裤裆点，a—d的距离为衣长。

垂直辅助线设置：a—o的距离为半领宽，o—f的距离为小肩宽，b—e的距离为1/4胸围大，g—h的距离为脚口大（图1-2~图1-3）。

步骤3——绘制外轮廓：选择钢笔工具设置线条粗细为3.0mm，按顺序分别点击a、o、f、e、g、h、c点，再按空格键，选择形状工具框选所画图形，在属性栏中点击转换成曲线，调整所期望的曲线形状，完成外框基本轮廓的绘制。点击挑选工具框选左边衣身，按Ctrl+C复制再按Ctrl+V粘贴,点击交互式属性栏中的水平镜像 🔲 进行镜像操作,并将其移动到合适的位置(快捷方法:挑选衣服轮廓,按住Ctrl键,移动到另一边合适的位置,按右键即可完成镜像)。框选所有轮廓线,在属性栏中选择焊接 🔲,将左右衣片连接为一个整体(图1-4~图1-5)。

步骤4——绘制细节和后片:利用三点曲线工具 🖊️ 绘制领口,选择钢笔工具 🖋️ 绘制门襟,选择椭圆工具 ⭕ 并按住Ctrl绘制纽扣,选择三点弧线工具 🖊️ 和钢笔工具 🖋️ 绘制明线,明线粗细为2.0mm(图1-6~图1-7)。

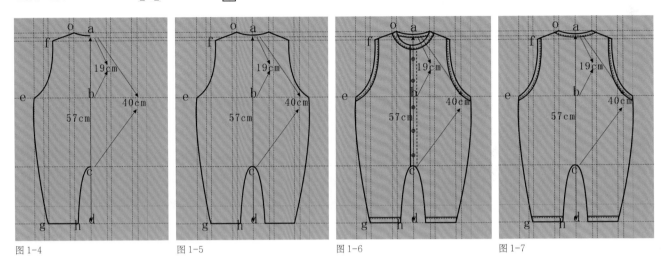

图1-4　　　　　　　图1-5　　　　　　　图1-6　　　　　　　图1-7

# 任务2 连体哈衣拓展设计

## 2.1 连体哈衣设计元素:开口形式

开口形式有前开口、侧开口、底部开口、全开口、半开口(图1-8)。

图1-8

8

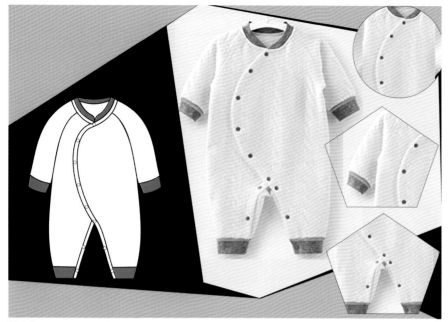

图 1-9

☆连体哈衣开口形式（弧形侧开口）拓展设计绘制步骤（图1-9）：

步骤1——绘制衣身与袖子轮廓：将绘制好的基型外轮廓设置为黑色虚线，虚线粗细为3.0mm；在基型的基础上绘制此款，选择钢笔工具🖊，将轮廓设置为白色实线，线条粗细为3.0mm，绘制衣身和袖子基本轮廓，选择形状工具🖊调整所期望的曲线形状，完成左边衣身和袖子的轮廓绘制。点击挑选工具🖊框选哈衣左半部分，按Ctrl+C复制再按Ctrl+V粘贴，然后点击交互式属性栏的水平镜像🖊进行镜像操作，并将其移动到合适的位置（快捷方法：挑选衣服轮廓，按住Ctrl键，移动到另一边合适的位置，按右键即可完成镜像）（图1-10~图1-11）。

步骤2——绘制细节：选择钢笔工具🖊绘制衣领、门襟，点击形状工具🖊调整弧线造型。

步骤3——绘制纽扣、填色：选择椭圆工具◯按住Ctrl绘制纽扣。点击菜单栏中的工具选项——弹出选项对话框，点击对话框工作区中的常规，右侧勾选填充开放式曲线，这样未封闭线条的图形也可以填色。（第二种填色方式：框选左右衣片，在属性栏中选择焊接🖊，将左右衣片连接为一个整体。点击形状工具🖊框选需要连接的两个节点，在属性栏上点击连接两个节点🖊将左右节点连接起来，同样的方法将另外需要连接的节点也连接起来，这样两个图形形成一个封闭图形，便可以填色。）点击挑选工具🖊选择领口，按住键盘上的Shift键继续点击需要填充同一色的袖口、脚口，在调色板上选择相应灰色；用同样方法将其他部位填成白色（图1-12~图1-13）。

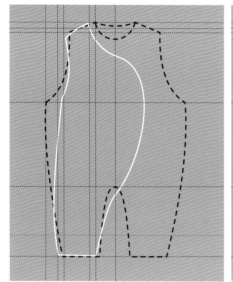

图 1-10

图 1-11

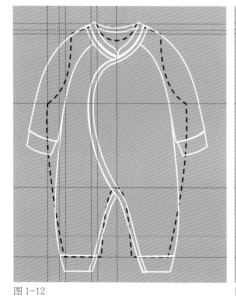

图 1-12

图 1-13

☆连体哈衣开口形式（前开口）拓展设计绘制步骤（图1-14）:

步骤1——画基本轮廓、镜像：将绘制好的基型外轮廓设置为黑色虚线，虚线粗细为3.0mm；在基型的基础上绘制此款，选择钢笔工具，将轮廓设置为白色实线，线条粗细为3.0mm，绘制衣身和袖子基本轮廓，选择形状工具调整所期望的曲线形状，完成左边衣身和袖子的轮廓绘制。点击挑选工具选择左边部分，按Ctrl+C复制再按Ctrl+V粘贴，然后点击交互式属性栏的水平镜像

图1-14

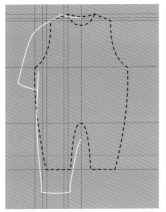

图1-15

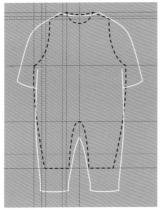

图1-16

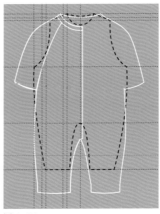

图1-17

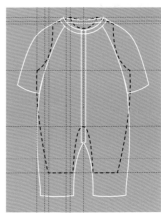

图1-18

进行镜像操作，并将其移动到合适的位置（快捷方法：挑选衣服轮廓，按住Ctrl键，移动到另一边合适的位置，按右键即可完成镜像）。框选所有轮廓线，在属性栏中选择焊接，将左右衣片连接为一个整体（图1-15～图1-16）。

步骤2——画细节：选择钢笔工具绘制左半部衣领、袖缝线及前叠门线，点击挑选工具按Ctrl+C复制再按Ctrl+V粘贴，然后点击交互式属性栏的水平镜像进行镜像操作，并将其移动到合适的位置（快捷方法：挑选衣服轮廓，按住Ctrl键，移动到另一边合适的位置，按右键即可完成镜像）（图1-17～图1-18）。

步骤3——绘制纽扣、条纹、填色：选择椭圆工具按住Ctrl绘制第一粒纽扣，按Ctrl+C复制再按Ctrl+V粘贴完成第六粒纽扣，将第六粒纽扣移动到衣身相应位置。选择调和工具点选最上圆，按着鼠标拉到最下圆，[4] 输入调和值完成。选择手绘工具在左右各绘制一条线。选择调和工具点选左边线，按着鼠标拉到右边线，[5.0 cm] 输入调和值完成。选择工作栏的对象 [对象(C)] 中的 [PowerClip(W) ▶] [叠于图文框内部(P)...] 选择调和好的对象，点领子置入领子内，完成衣领、衣袖、衣身等条纹的绘制。再选择颜色滴管在属性栏中点应用颜色 [◇] [从桌面选择] [✎] [✎] [所选颜色 ■] 选择填充颜色的值，完成颜色填充（图1-19）。

图1-19

## 2.2 连体哈衣设计元素：下口造型

下口造型有三角、平角之分（图1-20）。

图1-20

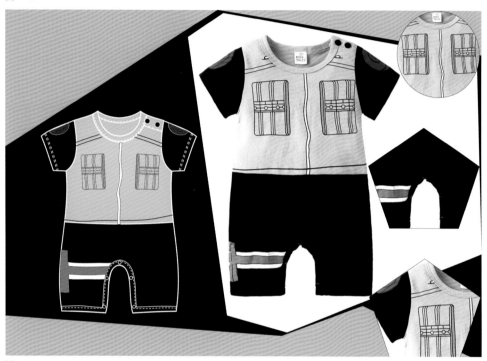

图1-21

☆连体哈衣下口造型（平角）拓展设计绘制步骤（图1-21）：

步骤1——绘制衣身、袖子轮廓：将绘制好的基型外轮廓设置为黑色虚线，虚线粗细为3.0mm；在基型的基础上绘制此款，选择钢笔工具🖊️，将轮廓设置为白色实线，线条粗细为3.0mm，绘制衣身和袖子基本轮廓，选择形状工具🔧调整所期望的曲线形状，完成左边衣身和袖子的轮廓绘制（图1-22~图1-23）。

步骤2——镜像、焊接、填色：点击挑选工具🔧选择左半部分，按Ctrl+C复制再按Ctrl+V粘贴，然后点击交互式属性栏的水平镜像⬌进行镜像操作，并将其移动到合适的位置（快捷方法：挑选衣服轮廓，按住Ctrl键，移动到另一边合适的位置，按右键即可完成镜像）。框选左右衣身在属性栏中点击焊接🔲完成左右衣片的连接；选择钢笔工具🖊️绘制领贴及脚口贴弧线，选择椭圆工具⭕按住Ctrl绘制纽扣。在菜单栏上点击窗口—泊坞窗—颜色，将颜色泊坞窗调出放置右侧，点击挑选工具🔧选择相应颜色进行填充（图1-24~图1-25）。

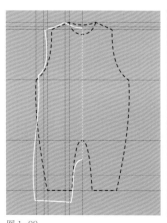

图1-22

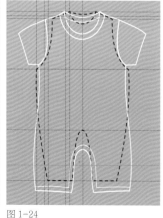

图1-23

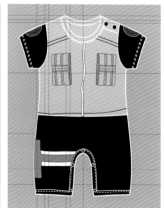

图1-24

图1-25

☆连体哈衣下口造型（三角）拓展设计绘制步骤（图1-26）：

步骤1——绘制衣身、衣袖、衣领：将绘制好的基型外轮廓设置为黑色虚线，虚线粗细为3.0mm；在基型的基础上绘制此款，选择钢笔工具 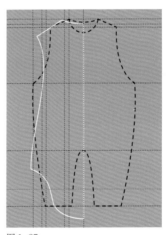，将轮廓设置为白色实线，线条粗细为3.0mm，绘制衣身、袖子和领子，选择形状工具 调整所期望的曲线形状。选择手绘工具 在左右各绘制一条线。选择调和工具 点选左边线，按着鼠标拉到右边线，输入调和值完成。选择工作栏的对象

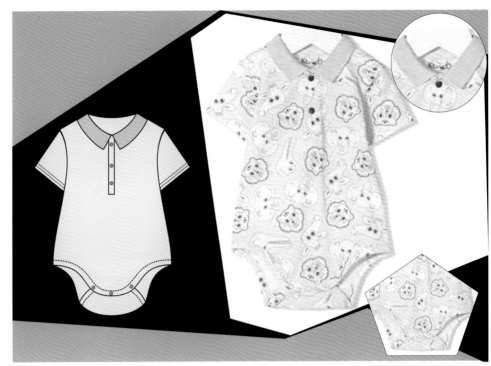

图1-26

对象(C) 中的 PowerClip(W) 选项，选择调和好的对象，点击领子完成衣领罗纹的绘制（图1-27~图1-28）。

步骤2——镜像、绘制细节和后片：点击挑选工具 选择绘制好的左半部分，按Ctrl+C复制再按Ctrl+V粘贴，然后点击交互式属性栏的水平镜像 进行镜像操作，并将其移动到合适的位置（快捷方法：挑选衣服轮廓，按住Ctrl键，移动到另一边合适的位置，按右键即可完成镜像）。框选左右衣身，在属性栏中点击焊接 完成左右衣片的连接；选择钢笔工具 绘制半门襟、明线，选择椭圆工具 ，按住Ctrl绘制纽扣。复制前片并将其修改成后片造型（图1-29~图1-30）。

步骤3——填色：选择挑选工具 点击对象，再点击调色板中对应的颜色，完成衣领、前、后片的颜色填充（图1-31~图1-32）。

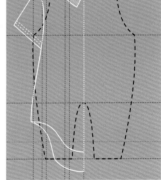

图1-27　　　　　　　　　　图1-28

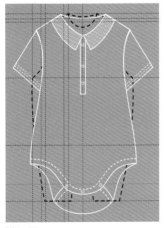

图1-29

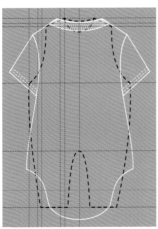

图1-30

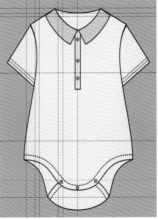

图1-31

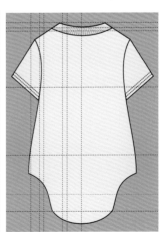

图1-32

## 2.3 连体哈衣设计元素：包脚形式

包脚形式包括包脚、露脚等（图1-33）。

图1-33

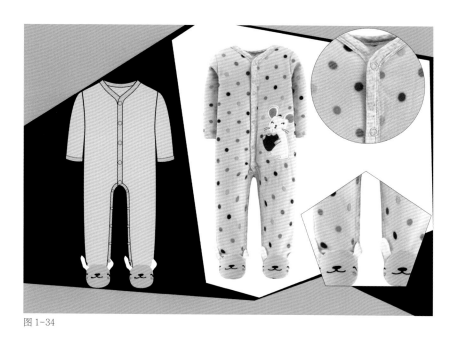

图1-34

☆连体哈衣包脚形式（包脚）拓展设计绘制步骤（图1-34）：

步骤1——绘制轮廓、镜像、焊接：将绘制好的基型外轮廓设置为黑色虚线，虚线粗细为3.0mm；在基型的基础上绘制此款，选择钢笔工具，将轮廓设置为白色实线，线条粗细为3.0mm，绘制衣身和袖子基本轮廓，选择形状工具调整所期望的曲线形状，完成左边衣身和袖子的轮廓绘制。点击挑选工具选择左半部分，按Ctrl+C复制再按Ctrl+V粘贴，然后点击交互式属性栏的水平镜像进行镜像操作，并将其移动到合适的位置（快捷方法：挑选衣服轮廓，按住Ctrl键，移动到另一边合适的位置，按右键即可完成镜像）。框选左右衣身在属性栏中点击焊接完成左右衣片的连接（图1-35~图1-36）。

步骤2——绘制细节、填色：选择钢笔工具绘制衣领、门襟、明线，选择椭圆工具按住Ctrl绘制第一粒纽扣，按Ctrl+C复制再按Ctrl+V粘贴完成第二粒纽扣，将第二粒纽扣移动到衣身最下面一粒纽扣的位置。选择调和工具点选最上面的圆，按着鼠标拉到最下面的圆，输入调和值完成纽扣绘制。点击挑选工具点击对象，再点击调色板中对应的颜色完成衣片的颜色填充（图1-37~图1-38）。

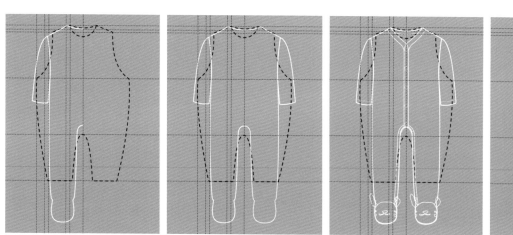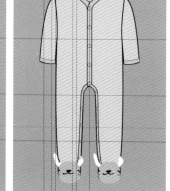

图1-35　　　　　　　图1-36　　　　　　　图1-37　　　　　　　图1-38

## 2.4 连体哈衣设计元素：装饰形式

装饰形式有图案、印花、蕾丝等（图1-39）。

图1-39

☆连体哈衣装饰形式（水果印花）拓展设计绘制步骤（图1-40）：

步骤1——画款式图：将绘制好的基型外轮廓设置为黑色虚线，虚线粗细为3.0mm；在基型的基础上绘制此款，选择钢笔工具🖊，将轮廓设置为白色实线，线条粗细为3.0mm，绘制衣身和袖子基本轮廓，选择形状工具🖊调整所期望的曲线形状，完成左边衣身和袖子的轮廓绘制。点击挑选工具🖊选择左半部分，按Ctrl+C复制再按Ctrl+V粘贴，然后点击交互式属性栏的水平镜像🖳进行镜像操作，并将其移动到合适的位置（快捷方法：挑选衣服轮廓，按住Ctrl键，移动到另一边合适的位置，按右键即可完成镜像）。框选左右衣身，在属性栏中点击焊接🖳完成左右衣片的连接；

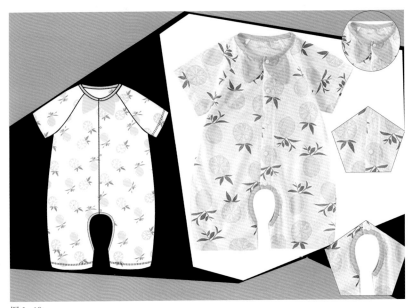

图1-40

点击钢笔工具🖊绘制衣领、明线等细节部分（图1-41～图1-42）。

步骤2——绘制图案、填充颜色：选择钢笔工具🖊绘制水果图案，点击形状工具🖊调整单个水果各部分的形状再填色，点击矩形工具🖳绘制一个矩形，将单个水果放置在矩形中进行复制并旋转排列，排列成图1-43效果，再框选矩形选择工作栏的对象 对象(O) 中的 PowerClip(W) ▸ 🖳 置于图文框内部(P) 选项，点击需要填充图案的部位完成图案填充（图1-44）。

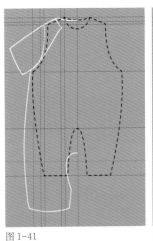

图1-41

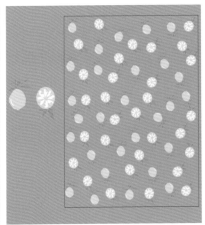

图1-42

图1-43

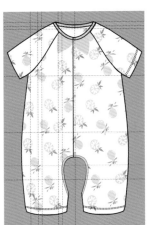

图1-44

☆连体哈衣装饰形式（花边）拓展设计绘制步骤（图1-45）：

图1-45

步骤1——画款式图：将绘制好的基型外轮廓设置为黑色虚线，虚线粗细为3.0mm；在基型的基础上绘制此款，选择钢笔工具 🖊️，将轮廓设置为白色实线，线条粗细为3.0mm，绘制衣身和袖子基本轮廓，选择形状工具 🖎 调整所期望的曲线形状，完成左边衣身和袖子的轮廓绘制。点击挑选工具 ▶，选择左半部分，按Ctrl+C复制再按Ctrl+V粘贴，然后点击交互式属性栏的水平镜像 🔄 进行镜像操作，并将其移动到合适的位置（快捷方法：挑选衣服轮廓，按住Ctrl键，移动到另一边合适的位置，按右键即可完成镜像）。框选左右衣身，在属性栏中点击焊接 🔗 完成左右衣片的连接（图1-46~图1-47）。

步骤2——绘制图案、填充颜色：选择钢笔工具 🖊️ 绘制条纹和马头图案，点击形状工具 🖎 调整马头图案，填充相应颜色；衣身填充相应蓝色，再将马头图案移动到衣身合适位置；点击挑选工具 ▶ 选择绘制好的条纹图案，在工具栏对象 对象(O) 中的 PowerClip(W) ▸ 🗂 置于图文框内部(P)... 选项中点击衣袖完成条纹图案填充。选择手绘工具 〰️，在属性栏上设置平滑度 〈50 +〉，绘制领口和脚口的荷叶边，再填色（图1-48~图1-49）。

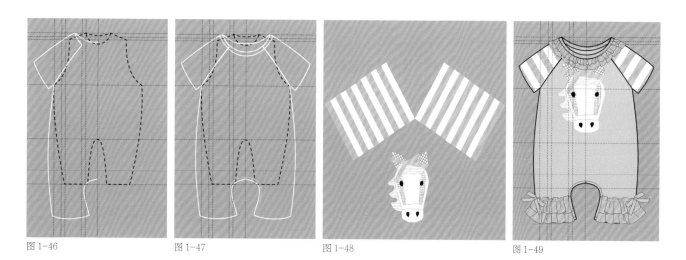

图1-46　　　　　　　　图1-47　　　　　　　　图1-48　　　　　　　　图1-49

# 任务3 连体哈衣自由设计

## 3.1 圆领平角连体哈衣款式绘制
（图 1-50 ~ 图 1-56）

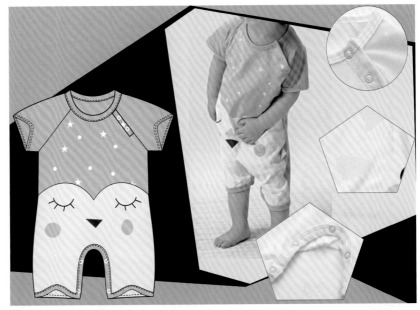

图 1-50

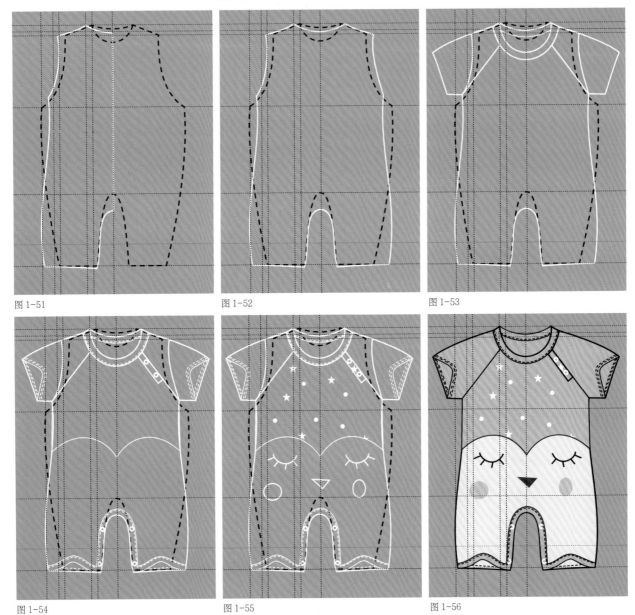

图 1-51

图 1-52

图 1-53

图 1-54

图 1-55

图 1-56

## 3.2 长袖半襟老虎图案连体哈衣款式绘制（图 1-57 ~ 图 1-63）

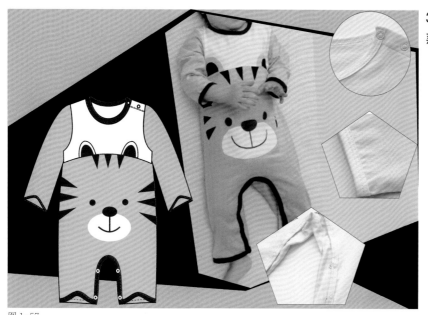

图 1-57

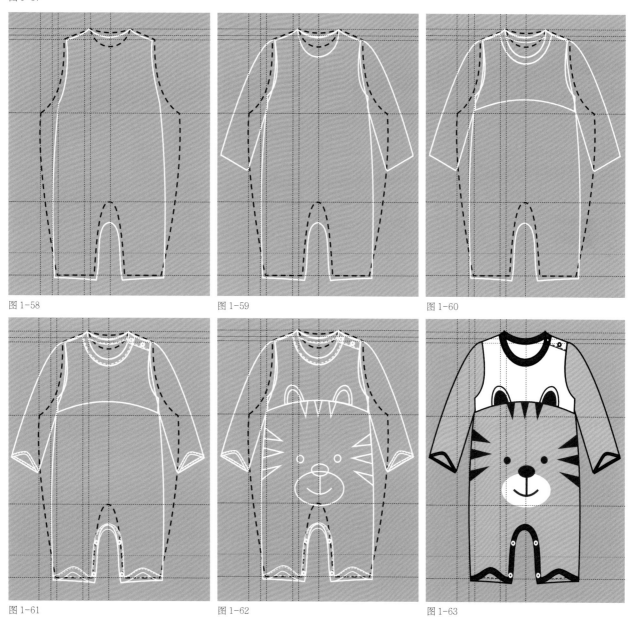

图 1-58

图 1-59

图 1-60

图 1-61

图 1-62

图 1-63

## 3.3 荷叶边装饰三角连体哈衣款式绘制（图1-64～图1-72）

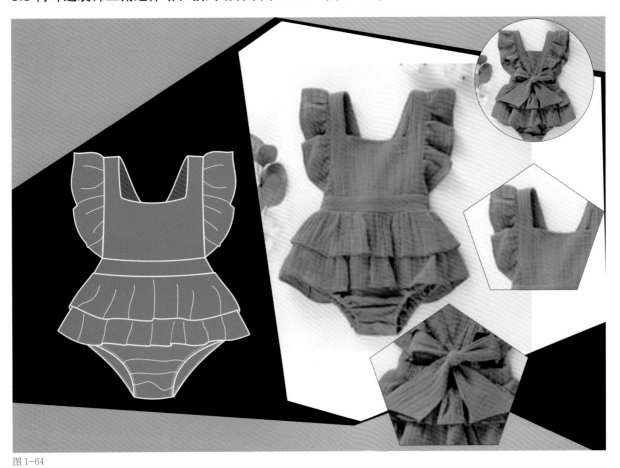

图1-64

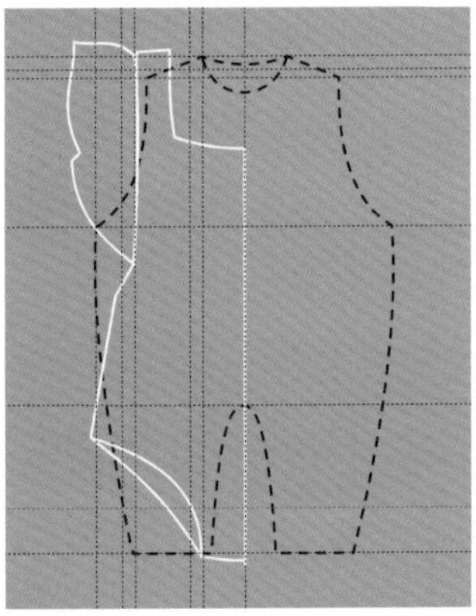

图1-65

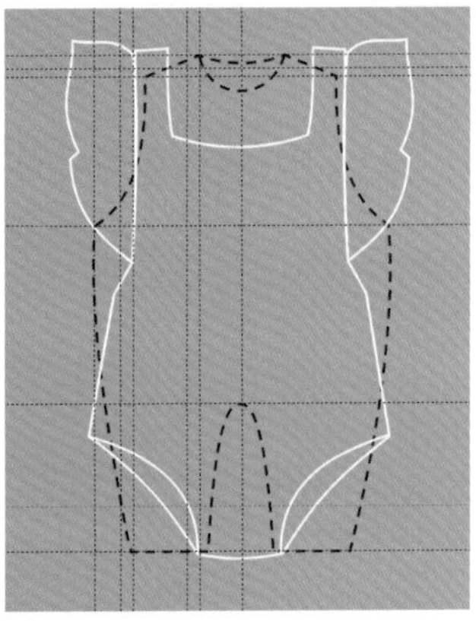

图1-66

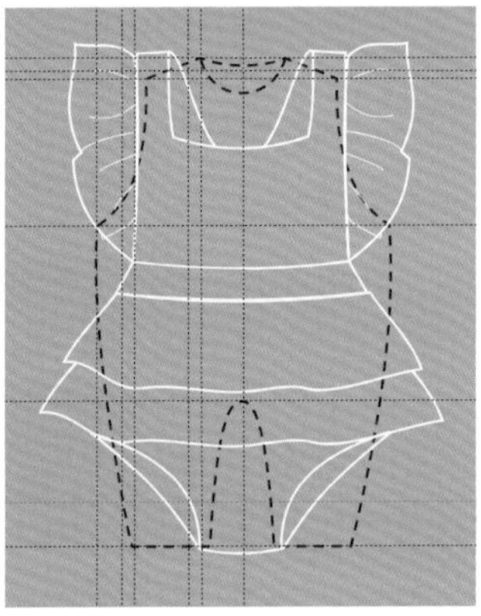

图1-67

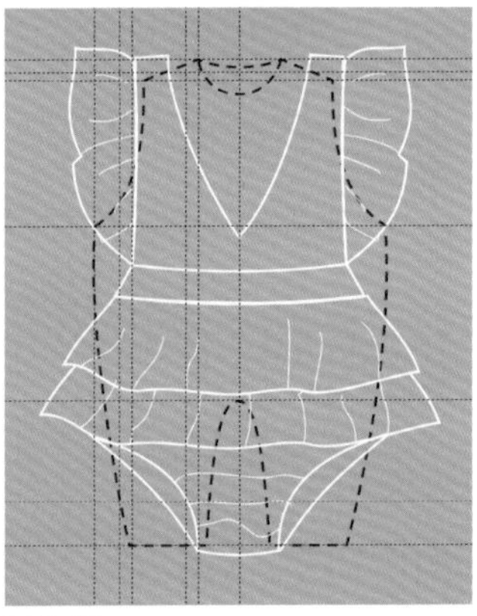

图1-68

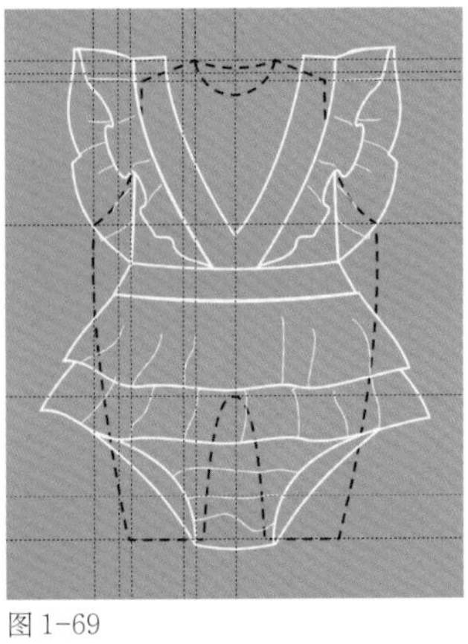

图1-69

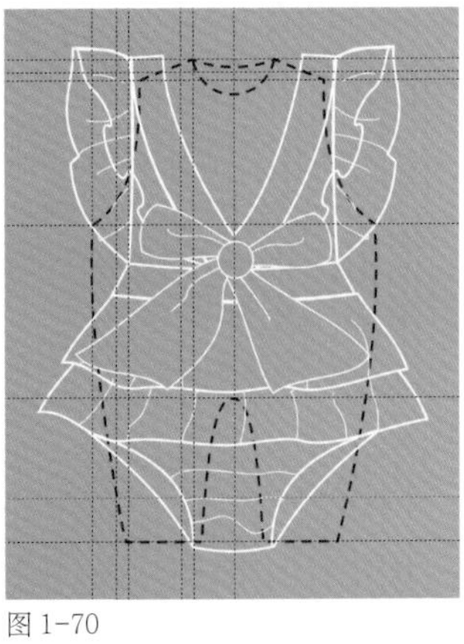

图1-70

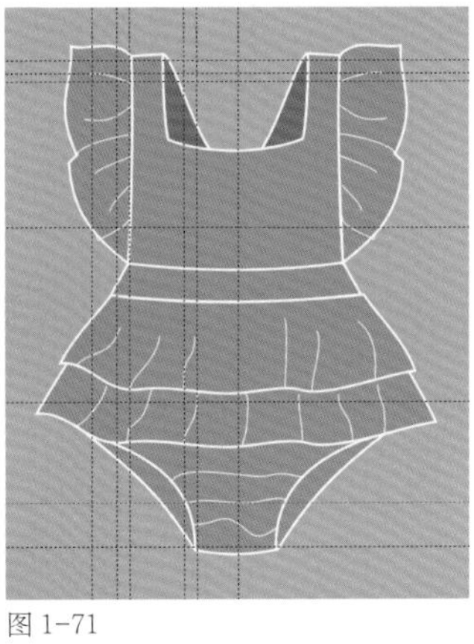

图1-71

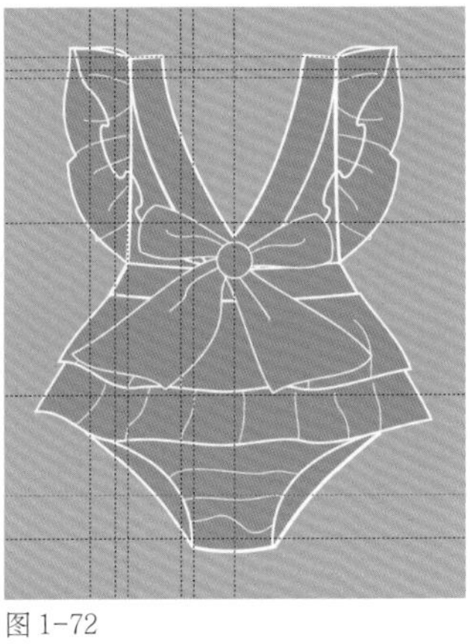

图1-72

### 3.4 包脚式连体棉服哈衣款式绘制
（图1-73～图1-77）

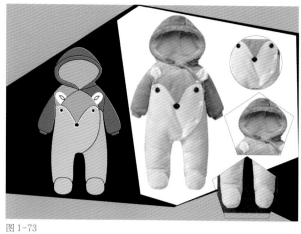

图1-73

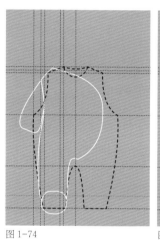

图1-74

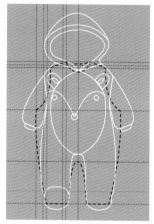

图1-75

图1-76

图1-77

### 3.5 小熊图案拼色搭配连体哈衣
款式绘制（图1-78～图1-82）

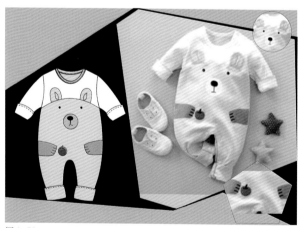

图1-78

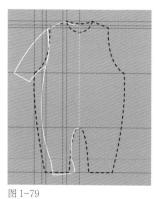

图1-79

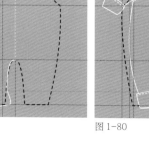

图1-80

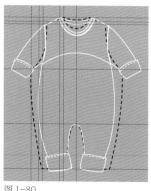

图1-81

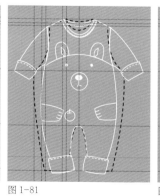

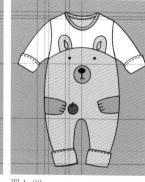

图1-82

## 3.6 条纹三角下口开襟连体哈衣款式绘制（图 1-83 ~ 图 1-89）

图 1-83

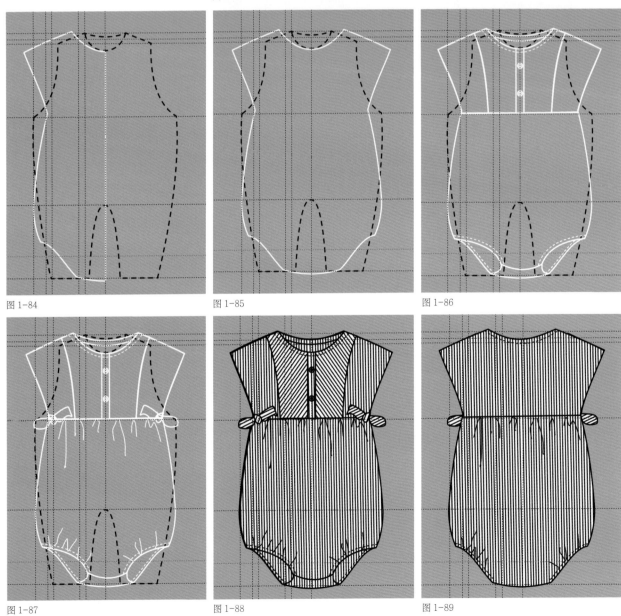

图 1-84

图 1-85

图 1-86

图 1-87

图 1-88

图 1-89

## 3.7 花边抽褶装饰连体哈衣款式绘制
（图 1-90 ~ 图 1-94）

图 1-90

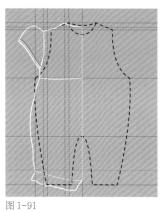

图 1-91

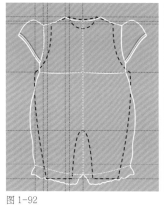

图 1-92

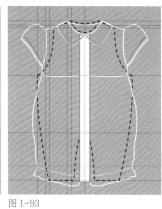

图 1-93

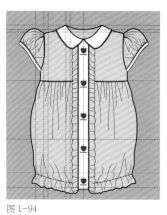

图 1-94

## 3.8 和服式交叉斜襟系带连体哈衣款式绘制
（图 1-95 ~ 图 1-99）

图 1-95

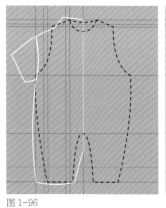

图 1-96

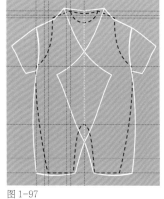

图 1-97

图 1-98

图 1-99

# 任务4 连体哈衣课后练习（图1-100～图1-104）

图1-100

图 1-101

图 1-102

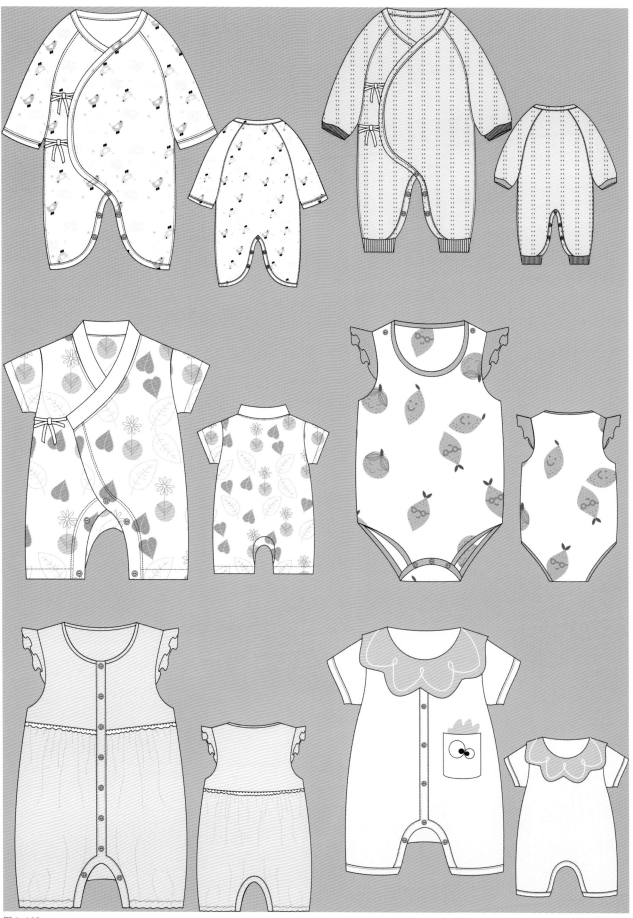

图 1-103

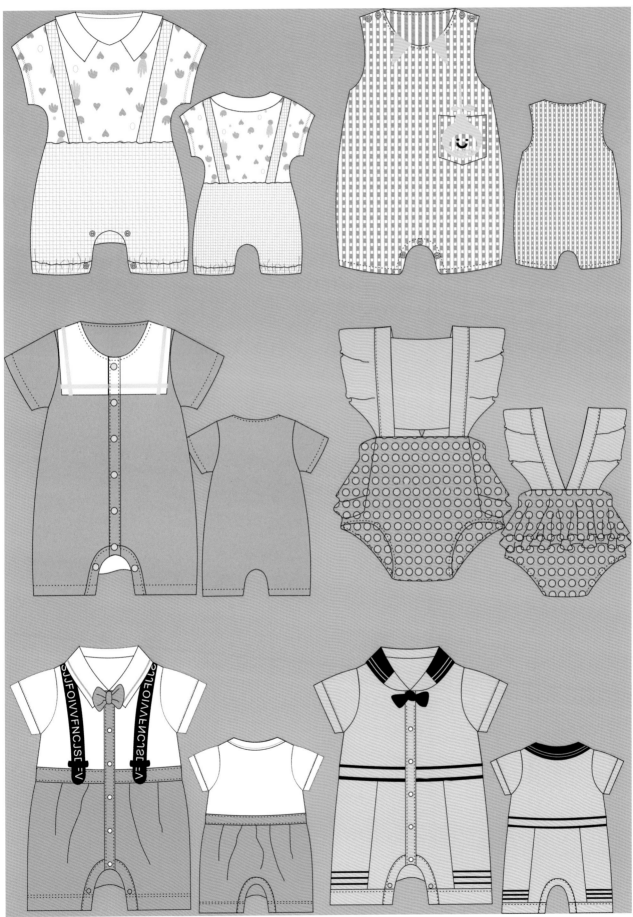

图 1-104

# 项目二 童装T恤款式绘制

图 2-1

## 任务1 童装T恤基型绘制

### 1.1 童装 T 恤——款式特点

T恤属于贴身类服装单品,款式简洁大方,宽松舒适,主要采用纯棉、天然彩棉等面料,并通过主题性图案,以及图案的不同形式体现童趣(图2-1)。

### 1.2 童装 T 恤——基型绘制步骤

步骤1——新建文件、设置图纸标尺及绘图比例(如第一章所设置)。

步骤2——水平辅助线设置:a点为前中心点(坐标原点),d—b所在线垂直距离为胸高点,a—c为后衣长,e—f为袖窿深;

垂直辅助线设置:a—d为半横领宽,d—e为小肩宽,b—f为1/4胸围大(图2-22)。

步骤3——绘制外轮廓:选择钢笔工具 设置线条粗细为3.0mm,按顺序分别点击a、d、e、f、g、c、a点绘制出外框基本轮廓。选择形状工具 点击需转换成弧线的折线,在属性栏点转换成曲线 ,调整所期望的曲线形状,用同样方法绘制衣袖和领口贴,完成左半部分衣片形状的绘制(图2-3)。

步骤4——镜像、焊接:点击挑选工具 框选左半部分衣片和袖片,按Ctrl+C复制再按Ctrl+V粘贴,点击交互式属性栏的水平镜像 进行镜像操作,并将其移动到合适的位置(快捷方法:挑选衣服轮廓,按住Ctrl键,移动到另一边合适的位置,按右键即可完成镜像)。框选左右衣片,在属性栏中点击焊接 完成左右衣片的连接;在前片的基础上复制、修改,并完成后片绘制(图2-4~图2-5)。

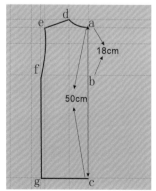

图 2-2

图 2-3

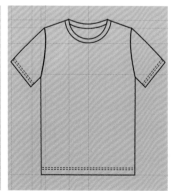

图 2-4

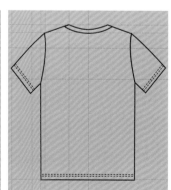

图 2-5

## 任务2 童装T恤拓展设计

### 2.1 童装T恤设计元素：外形

外形有A形、H形、O形、T形等（图2-6）。

☆童装T恤外形（H形）拓展设计绘制步骤（图2-7）：

步骤1——绘制轮廓、明线：将绘制好的基型外轮廓设置为黑色虚线，虚线粗细为3.0mm；在基型的基础上绘制此款，选择钢笔工具 ，将轮廓设置为白色实线，线条粗细为3.0mm，绘制T恤左边基本轮廓，选择形状工具 调整所期望的曲线形状，用同样方法绘制衣袖、口袋、领口贴，明线用虚线，完成左半部分衣片及口袋形状的绘制（图2-8~图2-9）。

图 2-6

步骤2——镜像、焊接：点击菜单栏中的工具选项，弹出选项对话框，点击对话框工作区中的常规，右侧勾选填充开放式曲线，这样未封闭式图形也可以填色。（第二种填色方式：框选左右衣片，在属性栏中选择焊接 ，将左右衣片连接为一个整体。点击形状工具 框选需要连接的两个节点，在属性栏上点击连接两个节点 将左右节点连接起来，同样的方法将另外需要连接的节点也连接起来，这样两个图形形成一个封闭图形，便可以填色。）点击挑选工具 框选左半衣身和衣袖，按Ctrl+C复制再按Ctrl+V粘贴，然后点击交互式属性栏的水平镜像 进行镜像操作，并将其移动到合适的位置（快捷方法：挑选衣服轮廓，按住Ctrl键，移动到另一边合适的位置，按右键即可完成镜像）。框选左右衣片，在属性栏中点击焊接 ，完成左右衣片的连接；在前片的基础上复制并修改，完成后片绘制（图2-10~图2-11）。

图 2-7

步骤3——填色：点击挑选工具 单击对象，再单击调色板上的相应颜色进行填色（图2-12~图2-13）。

图 2-8　　　　　　　　　　　图 2-9

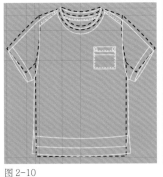

图 2-10

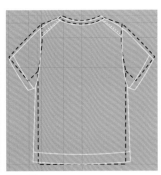

图 2-11

图 2-12

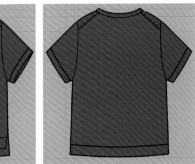

图 2-13

☆童装T恤外形（A形）拓展设计绘制步骤（图2-14）：

步骤1——绘制轮廓、细节：将绘制好的基型外轮廓设置为黑色虚线，虚线粗细为3.0mm；在基型的基础上绘制此款，选择钢笔工具 ，将轮廓设置为白色实线，线条粗细为3.0mm，绘制T恤左边基本轮廓，点击手绘工具绘制袖子褶皱。点击形状工具 调整所期望的曲线形状，明线设置为虚线，完成左边T恤的绘制（图2-15~图2-16）。

步骤2——镜像、焊接：点击挑选工具 框选左半部分，按Ctrl+C复制再按Ctrl+V粘贴，点击交互式属性栏的水平镜像 进行镜像操作，并将其移动到合适的位置（快捷方法：挑选衣服轮廓，按住Ctrl键，移动到另一边合适的位置，按右键即可完成镜像）。框选所有轮廓线，在属性栏中选择焊接 ，将左右衣片连接为一个整体（图2-17~图2-18）。

步骤3——填色：点击挑选工具 框选对象，再单击调色板上的相应颜色进行填色（图2-19~图2-20）。

图2-14

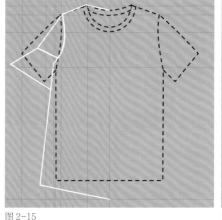

图2-15

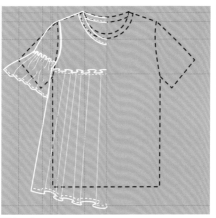

图2-16

图2-17

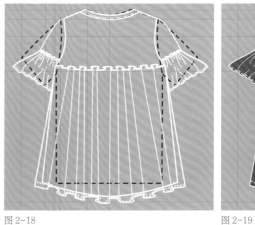

图2-18

图2-19

图2-20

## 2.2 童装 T 恤设计元素：图案装饰

图案装饰包括绣花、印花、花边、织带、烫钻、镂空等（图2-21）。

图 2-21

☆童装T恤图
案装饰（亮片绣）
拓展设计绘制步骤
（图2-22）：

图 2-22

步骤1——绘制轮廓、镜像：将绘制好的基型外轮廓设置为黑色虚线，虚线粗细为3.0mm；在基型的基础上绘制此款，选择钢笔工具，将轮廓设置为白色实线，线条粗细为3.0mm，绘制T恤左边基本轮廓，选择形状工具调整所期望的曲线形状，完成左边T恤的轮廓绘制。明线设置为虚线，点击手绘工具画口袋花边褶皱线，完成左边T恤的绘制（图2-23~图2-24）。

步骤2——镜像：点击挑选工具框选左半部分衣身和袖子，按Ctrl+C复制再按Ctrl+V粘贴，然后点击交互式属性栏的水平镜像进行镜像操作，并将其移动到合适的位置（快捷方法：挑选衣服轮廓，按住Ctrl键，移动到另一边合适的位置，按右键即可完成镜像）。点击左衣衣片，在属性栏中选择焊接，将左右衣片连接为一个整体。后片在前片的基础上复制并修改完成（图2-25~图2-26）。

步骤3——画亮片并填色：选择椭圆工具，按住Ctrl绘制一个正圆，按Ctrl+C复制再按Ctrl+V粘贴，复制正圆，按Shift键将复制的正圆圆心不动地按比例缩小。再框选两个圆，在属性栏中选择移除前面对象，将图片处理成一个空心圆。在菜单栏中点击对象，勾选对象属性，调出对象属性对话框，点击圆锥形渐变，在颜色条上选择相应颜色，完成亮片颜色填充，再将单个亮片进行排列，完成亮片绣效果（图2-27）。

步骤4——填色：单击调色板上的相应颜色对T恤进行填色，点击挑选工具将亮片移至袋口的相应位置（图2-28~图2-29）。

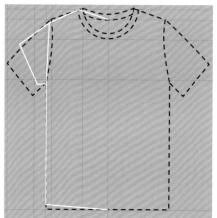

图2-23

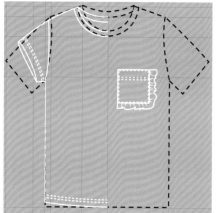

图2-24

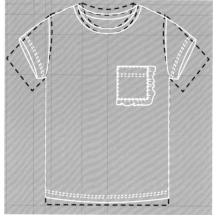

图2-25

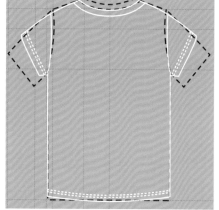

图2-26

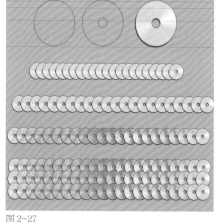

图2-27

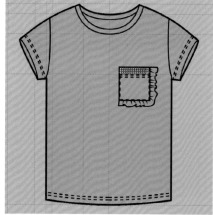

图2-28

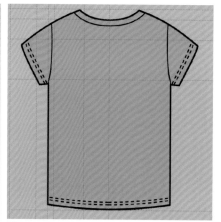

图2-29

☆童装T恤图案装饰（字母印花）拓展设计绘制步骤（图2-30）：

步骤1——绘制轮廓、细节：将绘制好的基型外轮廓设置为黑色虚线，虚线粗细为3.0mm；在基型的基础上绘制此款，选择钢笔工具，将轮廓设置为白色实线，线条粗细为3.0mm，绘制T恤左边基本轮廓，选择形状工具调整所期望的曲线形状，明线选择虚线，完成左边T恤的绘制。点击挑选工具框选左半部分衣身和袖子，按Ctrl+C复制再按Ctrl+V粘贴，然后点击交互式属性栏的水平镜像进行镜像操作，并将其移动到合适的位置（快捷方法：挑选衣服轮廓，按住Ctrl键，移动到另一边合适的位置，按右键即可完成镜像）。点击左右衣片，在属性栏中选择焊接，将左右衣片连接为一个整体（图2-31~图2-32）。

步骤2——绘制图案：选择钢笔工具绘制图案，点击形状工具调整所期望的曲线形状，然后进行填色（图2-33）。

步骤3——填色：点击挑选工具单击需要填色的部位，单击调色板上相应颜色进行填色（图2-34~图2-35）。

图2-30

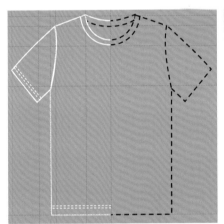

图2-31

图2-32

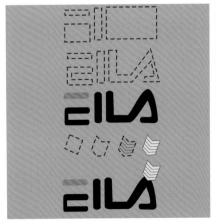

图2-33

图2-34

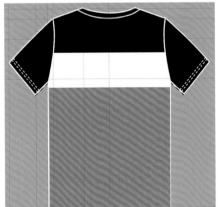

图2-35

## 2.3 童装 T 恤设计元素：领型

领型包括圆领、V领、花边领、翻领、立翻领等（图2-36）。

图 2-36

图 2-37

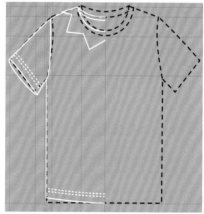

图 2-38

图 2-39

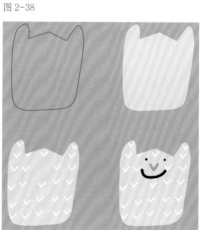

图 2-40

图 2-41

☆童装T恤领型（圆领）拓展设计绘制步骤（图2-37）：

步骤1——绘制轮廓、镜像：将绘制好的基型外轮廓设置为黑色虚线，虚线粗细为3.0mm；在基型的基础上绘制此款，选择钢笔工具 ，将轮廓设置为白色实线，线条粗细为3.0mm，绘制T恤左边基本轮廓，选择形状工具 调整所期望的曲线形状，完成左边T恤轮廓的绘制。点击挑选工具 框选左边衣身和袖子，按Ctrl+C复制再按Ctrl+V粘贴，然后点击交互式属性栏的水平镜像 进行镜像操作，并将其移动到合适的位置（快捷方法：挑选衣服轮廓，按住Ctrl键，移动到另一边合适的位置，按右键即可完成镜像）。点击左右衣片，在属性栏中选择焊接 ，将左右衣片连接为一个整体（图2-38~图2-39）。

步骤2——绘制图案：选择钢笔工具 绘制图案，点击形状工具 调整所期望的曲线形状，然后进行填色。

步骤3——填色：在菜单栏上点击窗口—泊坞窗—颜色，将颜色泊坞窗调出并放置于右侧，点击挑选工具 选择相应颜色进行填充（图2-40~图2-41）。

## 2.4 童装T恤设计元素：袖型

袖型包括无袖、半碗袖、短袖、中袖、长袖、灯笼袖、喇叭袖等（图2-42）。

图2-42

☆童装T恤袖型（中袖）拓展设计绘制步骤（图2-43）：

步骤1——绘制轮廓、镜像：将绘制好的基型外轮廓设置为黑色虚线，虚线粗细为3.0mm；在基型的基础上绘制此款，选择钢笔工具🖋，将轮廓设置为白色实线，线条粗细为3.0mm，绘制T恤左边基本轮廓，选择形状工具🔧调整所期望的曲线形状，完成左边T恤的绘制。点击挑选工具🔺框选左边衣身和衣袖，按Ctrl+C复制再按Ctrl+V粘贴，然后点击交互式属性栏中的水平镜像🔁进行镜像操作，并将其移动到合适的位置（快捷方法：挑选衣服轮廓，按住Ctrl键，移动到另一边合适的位置，按右键即可完成镜像）。框选左右衣片，在属性栏中点击焊接🔁完成左右衣片的连接（图2-44~图2-45）。

步骤2——画文字图案：选择文本工具🔤输入相应文字并填色。将文字转换为曲线并调整成图2-46上方效果，再点击立体化工具🔳，左击鼠标，点击文字右侧部分不放开，往左下方移动拖拽成图2-46下方立体效果。

步骤3——填色：点击挑选工具🔺将文字图案拖拽至衣服相应位置，在菜单栏上点击窗口—泊坞窗—颜色，将颜色泊坞窗调出并放置右侧，选择相应颜色进行填充（图2-47）。

图2-43

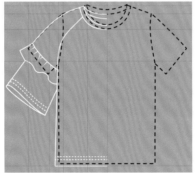

图2-44

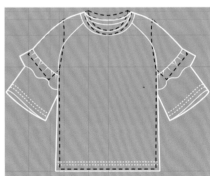

图2-45

图2-46

图2-47

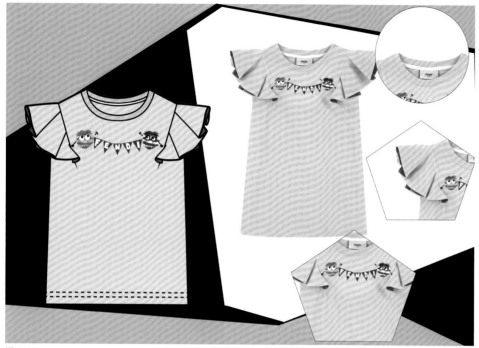

图 2-48

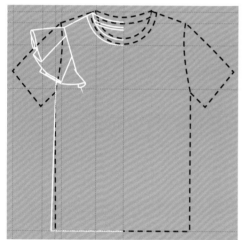

图 2-49

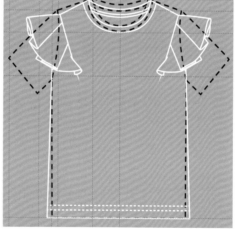

图 2-50

图 2-51

图 2-52

☆童装 T 恤袖型（半碗袖）拓展设计绘制步骤（图 2-48）：

步骤 1——绘制轮廓、镜像：将绘制好的基型外轮廓设置为黑色虚线，虚线粗细为 3.0mm；在基型的基础上绘制此款，选择钢笔工具，将轮廓设置为白色实线，线条粗细为 3.0mm，绘制 T 恤左边基本轮廓，选择形状工具调整所期望的曲线形状，完成左边 T 恤的绘制。点击挑选工具框选左边衣片和袖子，按 Ctrl+C 复制再按 Ctrl+V 粘贴，然后点击交互式属性栏中的水平镜像进行镜像操作，并将其移动到合适的位置（快捷方法：挑选衣服轮廓，按住 Ctrl 键，移动到另一边合适的位置，按右键即可完成镜像）。框选左右衣片，在属性栏中点击焊接完成左右衣片的连接（图 2-49~图 2-50）。

步骤 2——画图案：选择钢笔工具，画出基本形状，点击两端的图案再选择变形工具，在属性栏中点击拉链变形，设置拉链振幅和拉链频率，将图形转换成曲线，点击形状工具调整成所期望的形状。

步骤 3——填色：在菜单栏上点击窗口—泊坞窗—颜色，将颜色泊坞窗调出并放置右侧，点击挑选工具选择相应颜色进行填充（图 2-51~图 2-52）。

## 2.5 童装T恤设计元素：下摆造型

下摆造型包括流苏、拼接、荷叶边、罗纹、蝴蝶结、滚边等（图2-53）。

图2-53

☆童装T恤下摆造型（拼接）拓展设计绘制步骤（图2-54）：

步骤1——绘制轮廓、镜像：将绘制好的基型外轮廓设置为黑色虚线，虚线粗细为3.0mm；在基型的基础上绘制此款，选择钢笔工具，将轮廓设置为白色实线，线条粗细为3.0mm，绘制T恤左边基本轮廓，选择形状工具，调整所期望的曲线形状，完成左边T恤轮廓的绘制。点击挑选工具选择衣片、袖子，按Ctrl+C复制再按Ctrl+V粘贴，然后点击交互式属性栏的水平镜像进行镜像操作，并将其移动到合适的位置（快捷方法：挑选衣服轮廓，按住Ctrl键，移动到另一边合适的位置，按右键即可完成镜像）完成衣袖镜像；选择钢笔工具和形状工具画出右边衣身轮廓（图2-55~图2-56）。

步骤2——填色：在菜单栏上点击窗口—泊坞窗—颜色，将颜色泊坞窗调出并放置右侧，点击挑选工具选择相应颜色进行填充（图2-57~图2-58）。

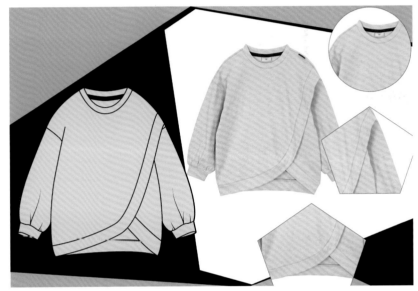

图2-54

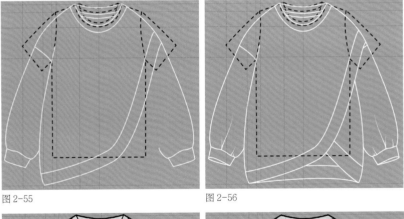

图2-55

图2-56

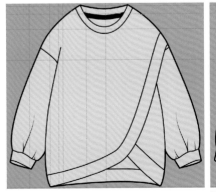

图2-57

图2-58

☆童装T恤下摆造型（荷叶边）拓展设计绘制步骤（图2-59）：

步骤1——绘制轮廓、细节、镜像：将绘制好的基型外轮廓设置为黑色虚线，虚线粗细为3.0mm；在基型的基础上绘制此款，选择钢笔工具，将轮廓设置为白色实线，线条粗细为3.0mm，绘制T恤左边基本轮廓，选择形状工具调整所期望的曲线形状，完成左边T恤轮廓的绘制，选择手绘工具绘制荷叶边褶皱。点击挑选工具选择左边衣身和袖子，按Ctrl+C复制再按Ctrl+V粘贴，然后点击交互式属性栏的水平镜像进行镜像操作，并将其移动到合适的位置（快捷方法：挑选衣服轮廓，按住Ctrl键，移动到另一边合适的位置，按右键即可完成镜像）。框选左右衣片，在属性栏中点击焊接完成左右衣片的连接；后片在前片的基础上进行调整（图2-60~图2-62）。

步骤2——画图案：选择钢笔工具绘制蝴蝶结，选择形状工具调整所期望的曲线形状（图2-63）。

步骤3——填色：在菜单栏上点击窗口—泊坞窗—颜色，将颜色泊坞窗调出并放置右侧，点击挑选工具选择相应颜色进行填充（图2-64~图2-65）。

图 2-59

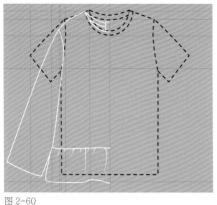

图 2-60

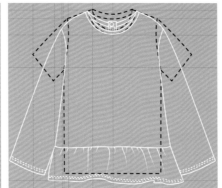

图 2-61

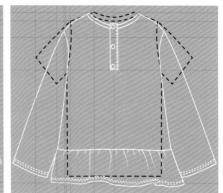

图 2-62

图 2-63

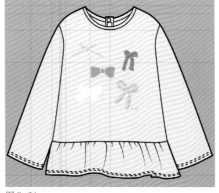

图 2-64

图 2-65

# 任务3 童装T恤自由设计

## 3.1 童装插肩袖印花 T 恤款式绘制（图 2-66 ~ 图 2-72）

图 2-66

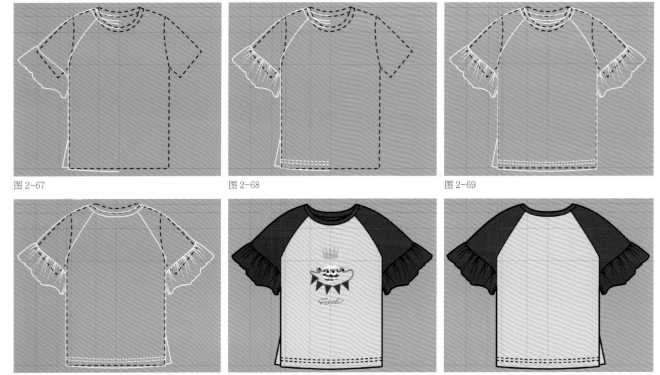

图 2-67

图 2-68

图 2-69

图 2-70

图 2-71

图 2-72

## 3.2 童装印花圆领 T 恤款式绘制（图 2-73 ~ 图 2-79）

图 2-73

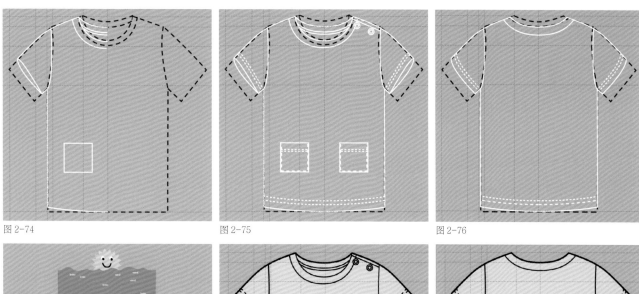

图 2-74　　　　　　　　　　　　　图 2-75　　　　　　　　　　　　　图 2-76

图 2-77　　　　　　　　　　　　　图 2-78　　　　　　　　　　　　　图 2-79

## 3.3 童装小鱼图案 T 恤款式绘制（图 2-80 ~ 图 2-86）

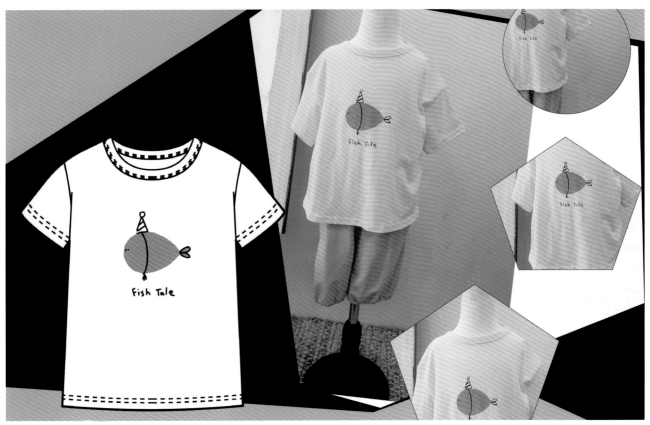

图 2-80

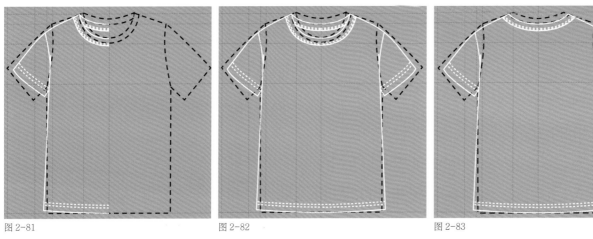

图 2-81　　　　　　　　　　　图 2-82　　　　　　　　　　　图 2-83

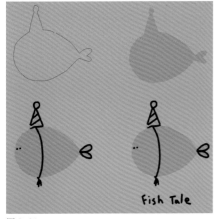

图 2-84

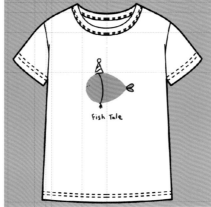

图 2-85

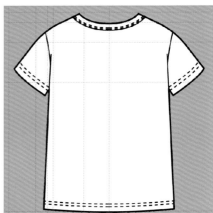

图 2-86

## 3.4 童装条纹 T 恤款式绘制（图 2-87 ~ 图 2-93）

图 2-87

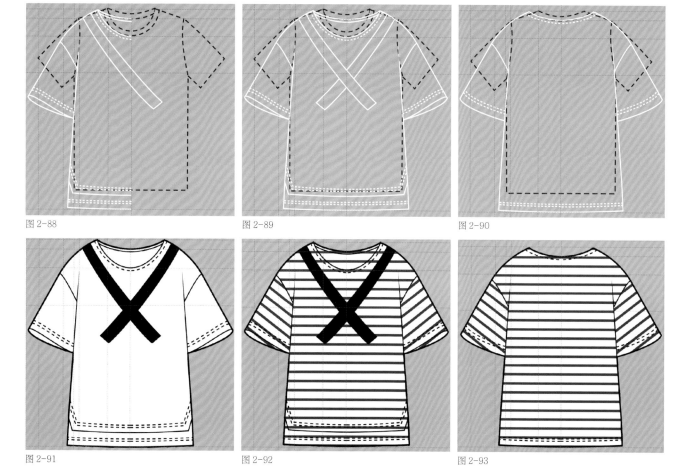

图 2-88

图 2-89

图 2-90

图 2-91

图 2-92

图 2-93

## 3.5 童装侧开衩印花 T 恤款式绘制 (图 2-94 ~ 图 2-100)

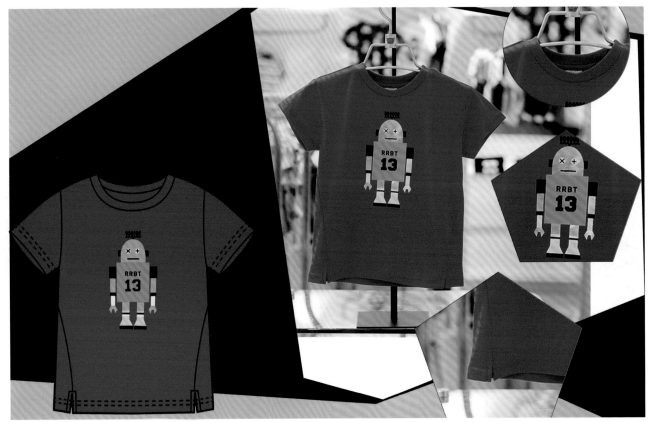

图 2-94

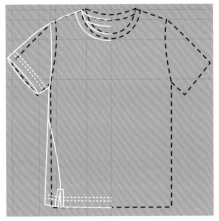

图 2-95

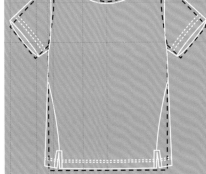

图 2-96

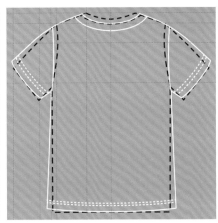

图 2-97

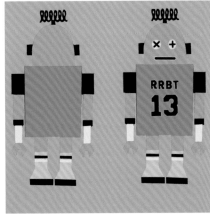

图 2-98

图 2-99

图 2-100

## 3.6 童装圆领无袖 T 恤款式绘制（图 2-101～图 2-107）

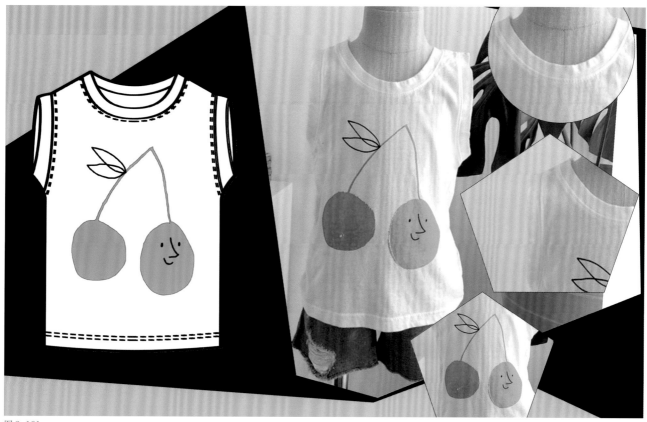

图 2-101

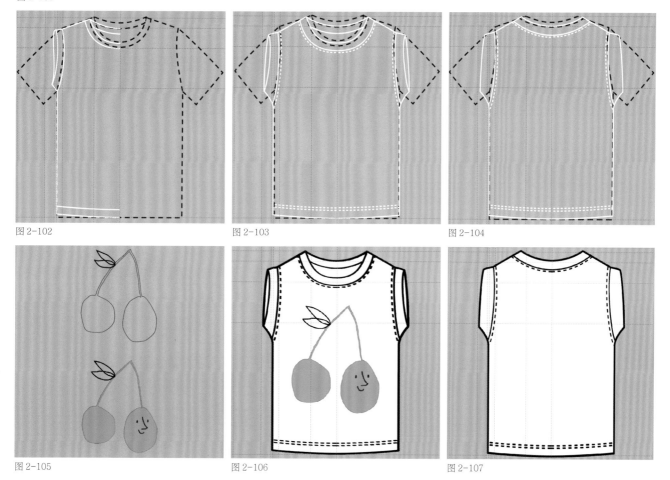

图 2-102

图 2-103

图 2-104

图 2-105

图 2-106

图 2-107

## 3.7 童装字母印花短袖 T 恤款式绘制（图 2-108 ~ 图 2-114）

图 2-108

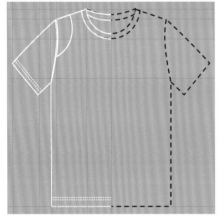

图 2-109

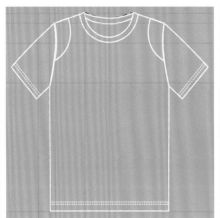

图 2-110

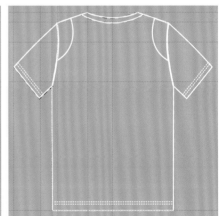

图 2-111

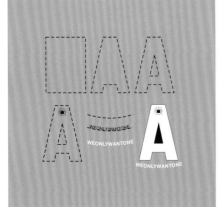

图 2-112

图 2-113

图 2-114

## 3.8 童装落肩长袖 T 恤款式绘制（图 2-115 ～图 2-121）

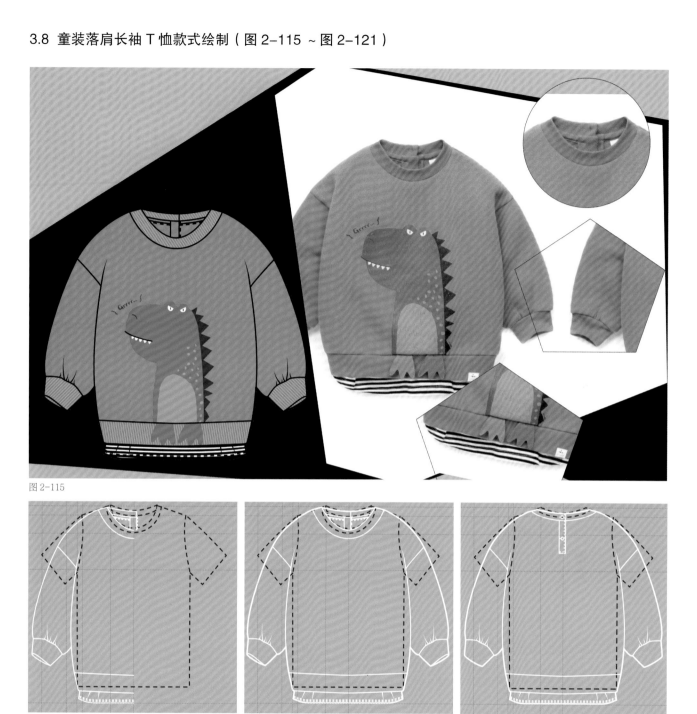

图 2-115

图 2-116

图 2-117

图 2-118

图 2-119

图 2-120

图 2-121

## 3.9 童装插肩袖长款 T 恤款式绘制（图 2-122 ~ 图 2-128）

图 2-122

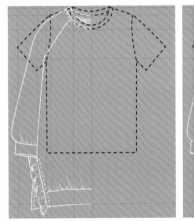

图 2-123

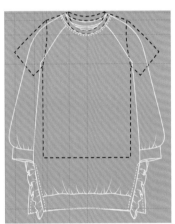

图 2-124

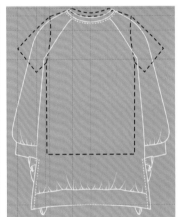

图 2-125

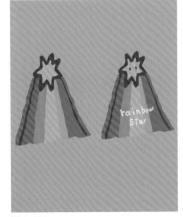

图 2-126

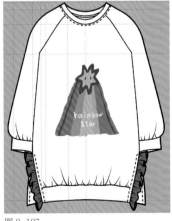

图 2-127

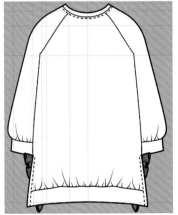

图 2-128

## 3.10 童装花边装饰 T 恤款式绘制（图 2-129 ~ 图 2-133）

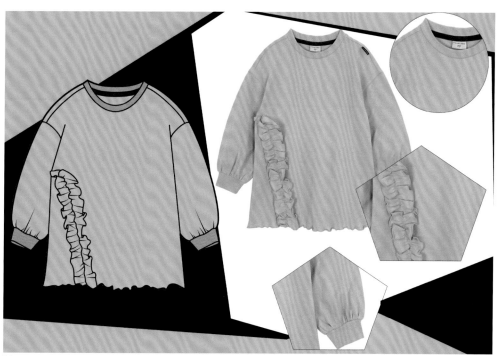

图 2-129

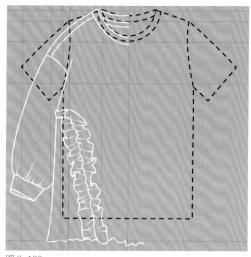

图 2-130

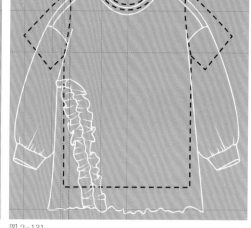

图 2-131

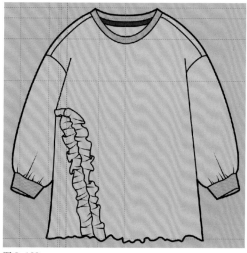

图 2-132

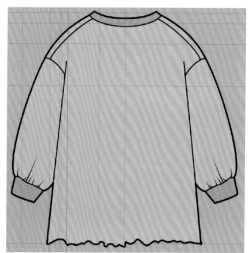

图 2-133

# 任务4 童装T恤课后练习（图2-134～图2-136）

图 2-134

图 2-135

图 2-136

# 项目三　童装衬衫款式绘制

图 3-1

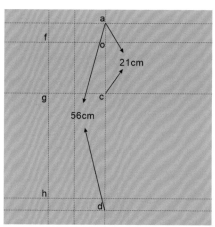

图 3-2

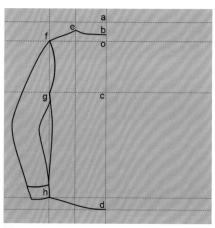

图 3-3

## 任务1　童装衬衫基型绘制

### 1.1 童装衬衫——款式特点

童装衬衫是一种穿在内外上衣之间，也可单独穿着的上衣。材质以梭织面料为主。童装衬衫款式种类多有长袖、短袖、中袖、翻领、立领、西装领、A形、O形等（图3-1）。

### 1.2 童装衬衫——基型绘制步骤

步骤1——新建文件、设置图纸标尺及绘图比例（如第一章所设置）。

步骤2——水平辅助线设置：a点为前中心点（坐标原点），b—o的距离为前领深，b—d的距离为后衣长。

垂直辅助线设置：b—e的距离为半横领宽，e—f的距离为小肩宽，c—g的距离为1/4胸围大，d—h的距离为1/4下摆宽。

步骤3——绘制外轮廓、衣袖：选择钢笔工具 🖊，线条粗细设置为3.0mm，按顺序分别点击b、e、f、g、h、d、b点绘制衣身外框基本轮廓；按选择形状工具 🖊 框选所画折线，在属性栏中点转换成曲线 🖊，调整所期望的曲线形状，完成左半部分衣身轮廓的绘制，用同样方法绘制袖子（图3-2~图3-3）。

步骤4——画衣领、镜像：选择钢笔工具 🖊 绘制出衣领，按形状工具 🖊 调整所期望的曲线形状。点击挑选工具 🖊 框选所有图形，按Ctrl+C复制再按Ctrl+V粘贴，点击交互式属性栏的水平镜像 🔁 进行镜像操作，并将其移动到合适的位置（快捷方法：挑选衣服轮廓，按住Ctrl键，移动到另一边合适的位置，按右键即可完成镜像）（图3-4~图3-5）。

步骤5——画纽扣、门襟、明线：
选择椭圆工具〇按住Ctrl画第一粒纽
扣，然后按Ctrl+C复制再按Ctrl+V
粘贴完成第七粒纽扣，将第一和第七
粒纽扣分别放在合适位置，按调和工
具⚖左击第一粒纽扣并拉动到第七
粒处，然后在属性栏中设置好相应值
🔳 5 10.0 mm 完成纽扣的绘制。选择钢笔工
具✒绘制门襟及底摆、门襟、衣领和
袖口明线。后片可在前片的基础上修
改完成（图3-6~图3-7）。

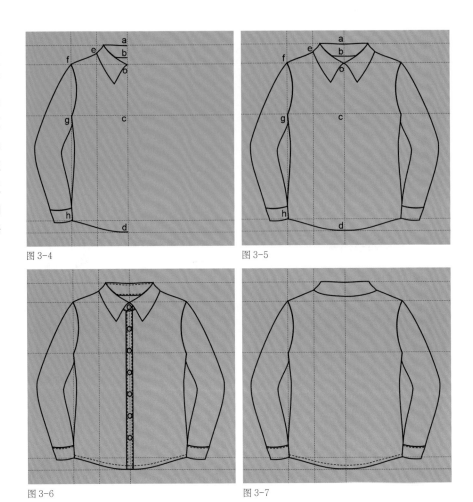

图3-4    图3-5

图3-6    图3-7

# 任务2 童装衬衫拓展设计

## 2.1 童装衬衫设计元素：外形

外形有A形、X形、H形、O形、T
形等（图3-8）。

☆童装衬衫廓形（H形）拓展设计
绘制步骤（图3-9）：

步骤1——绘制轮廓、细节：将
绘制好的基型外轮廓设置为黑色虚
线，虚线粗细为3.0mm；在基型的
基础上绘制此款，选择钢笔工具✒，
将轮廓设置为白色实线，线条粗细为
3.0mm，绘制衬衫左边基本轮廓，选
择形状工具🔧调整所期望的曲线形
状，完成左边衬衫轮廓的绘制。选择
钢笔工具✒绘制衣领、门襟及相关明
辑线。选择形状工具🔧调整所期望的
曲线形状，完成左边衬衫细节的绘制
（图3-10~图3-11）。

图3-8

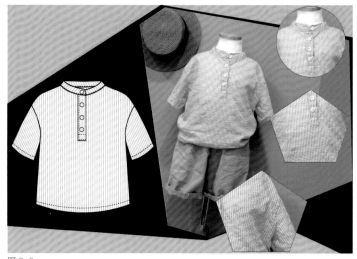

图 3-9

步骤2——镜像、绘制后片：点击挑选工具 ![]，选择需要复制的部分，按 Ctrl+C 复制再按 Ctrl+V 粘贴，然后点击交互式属性栏中的水平镜像 ![] 进行镜像操作，并将其移动到合适的位置（快捷方法：挑选衣服轮廓，按住 Ctrl 键，移动到另一边合适的位置，按右键即可完成镜像）。框选左右衣片，在属性栏中点击焊接 ![] 完成左右衣片的连接。在前片的基础上复制并修改，完成后片绘制（图3-12~图3-13）。

步骤3——绘制条纹面料：第一步，选择钢笔工具 ![] 按住 Shift 键单击一下，在下方单击一下再按空格键绘制一条垂直线，将这条垂直线填上相应的蓝色；第二步，点击挑选工具 ![] 选择这条垂直线，按 Ctrl+C 复制再按 Ctrl+V 粘贴，移动到右侧；第三步，选择调和工具 ![] 设置相应值 ![]，完成条纹绘制（图3-14）。

步骤4——填色：选择挑选工具 ![] 点击条纹图案，再点击工作栏中对象 对象(C) 中的 PowerClip(W)  ▶ ![] 置于图文框内部(P)... 按钮，点击衣身填充衣身面料图案；将条纹两端直线角度调整成衣领、衣袖方向，用同样方法完成衣领、衣袖的图案填充（图3-15~图3-16）。

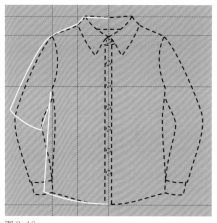

图 3-10

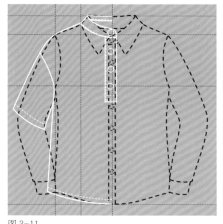

图 3-11

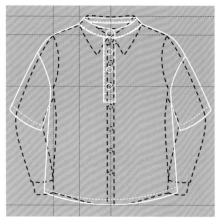

图 3-12

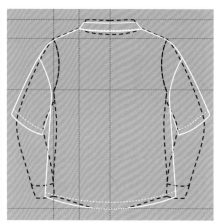

图 3-13

图 3-14

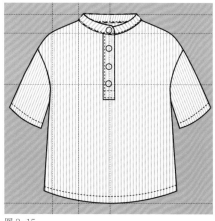

图 3-15

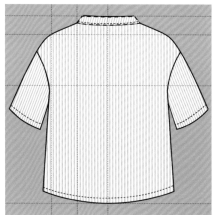

图 3-16

☆童装衬衫廓形（A形）拓展设计绘制步骤（图3-17）：

步骤1——绘制轮廓和纽扣：将绘制好的基型外轮廓设置为黑色虚线，虚线粗细为3.0mm；在基型的基础上绘制此款，选择钢笔工具，将轮廓设置为白色实线，线条粗细为3.0mm，绘制衬衫左边基本轮廓；点击艺术笔工具，在属性栏上设置数值，画衣身分割线和袖口处形成的褶皱线，根据造型需要将线条形状设置为上粗下细或上细下粗，点击形状工具调整所期望的曲线形状。选中椭圆形工具按住Ctrl画一个正圆，选中圆复制粘贴上下位置定位，点击调和工具点选一个圆并拉向另外一个圆，在属性栏上设置相应数值，完成纽扣绘制，并完成左边衬衫款式的绘制（图3-18~图3-19）。

步骤2——镜像、画后片：点击挑选工具选择需要复制的部分，按Ctrl+C复制再按Ctrl+V粘贴，然后点击交互式属性栏中的水平镜像进行镜像操作，并将其移动到合适的位置（快捷方法：挑选衣服轮廓，按住Ctrl键，移动到另一边合适的位置，按右键即可完成镜像）。框选左右衣片，在属性栏中点击焊接完成左右衣片的连接。在前片的基础上复制、修改并完成后片绘制（图3-20~图3-21）。

步骤3——填充颜色：选择交互式填充工具，选择相应颜色填充前后片（图3-22~图3-23）。

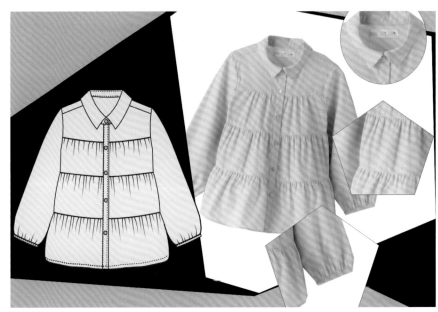

图 3-17

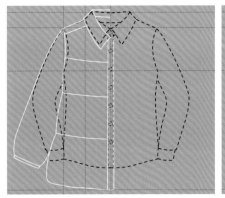

图 3-18

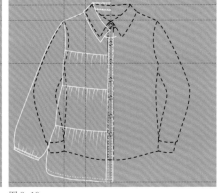

图 3-19

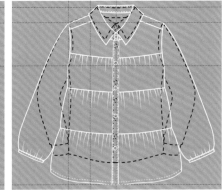

图 3-20

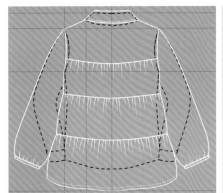

图 3-21

图 3-22

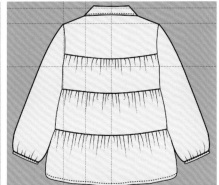

图 3-23

## 2.2 童装衬衫设计元素：领型

领型包括无领、翻领、立领、西装领等（图3-24）。

图 3-24

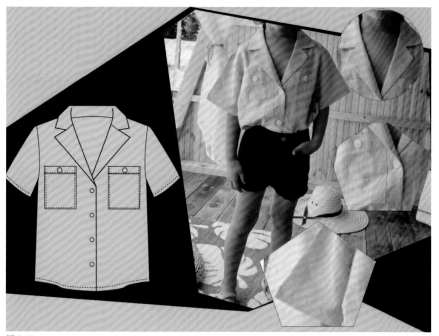

图 3-25

☆童装衬衫领型（西装领）拓展设计绘制步骤（图3-25）：

步骤1——绘制轮廓、部件：将绘制好的基型外轮廓设置为黑色虚线，虚线粗细为3.0mm；在基型的基础上绘制此款，选择钢笔工具，将轮廓设置为白色实线，线条粗细为3.0mm，绘制衬衫左边基本轮廓、口袋、领子，选择形状工具调整所期望的曲线形状，完成左边衬衫的绘制。选中椭圆形工具按住Ctrl画一个正圆，选中圆复制粘贴上下位置定位，点击调和工具点选一个圆并拉向另外一个圆，在属性栏上设置相应数值 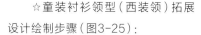，完成纽扣绘制，并完成左边衬衫款式的绘制（图3-26~图3-27）。

步骤2——镜像、画后片：点击挑选工具选择需要复制的部分，按Ctrl+C复制再按Ctrl+V粘贴，然后点击交互式属性栏中的水平镜像进行镜像操作，并将其移动到合适的位置（快捷方法：挑选衣服左边图形，按住Ctrl键，移动到另一边合适的位置，按右键即可完成镜像）。将前片复制，后片在前片的基础上修改完成（图3-28~图3-29）。

步骤3——填色：点击挑选工具框选所有对象，单击调色板上相应颜色进行填色（图3-30~图3-31）。

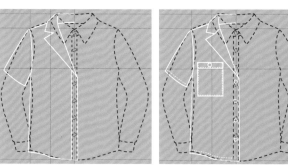

图 3-26　　　　图 3-27

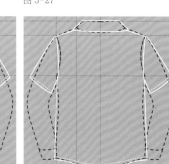

图 3-28　　　　图 3-29

图 3-30　　　　图 3-31

☆童装衬衫领型（翻领）拓展设计绘制步骤（图3-32）：

步骤1——绘制轮廓、部件：将绘制好的基型外轮廓设置为黑色虚线，虚线粗细为3.0mm；在基型的基础上绘制此款，选择钢笔工具🖊，将轮廓设置为白色实线，线条粗细为3.0mm，绘制衬衫左边基本轮廓、衣领、门襟、纽扣及右边口袋，选择形状工具🖱，调整所期望的曲线形状，完成左边衬衫的绘制（图3-33~图3-34）。

步骤2——镜像、画后片：点击挑选工具🖱选择需要复制的部分，按Ctrl+C复制再按Ctrl+V粘贴，然后点击交互式属性栏中的水平镜像🔁进行镜像操作，并将其移动到合适的位置（快捷方法：挑选衣服轮廓，按住Ctrl键，移动到另一边合适的位置，按右键即可完成镜像）。框选所有轮廓线，在属性栏中选择焊接🔗，将左右衬衫片连接为一个整体。将前片复制，后片在前片的基础上修改完成（图3-35~图3-36）。

步骤3——填色：点击挑选工具🖱选择需要填色部位，单击调色板上的白色进行填色（图3-37~图3-38）。

图3-32

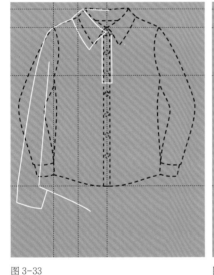

图3-33

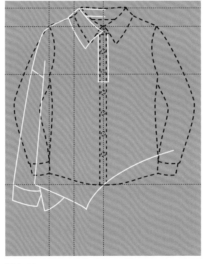

图3-34

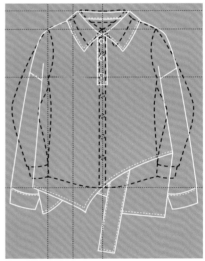

图3-35

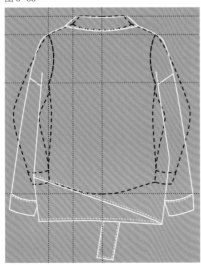

图3-36

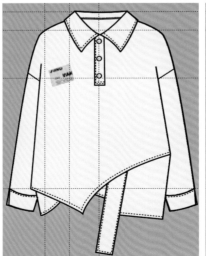

图3-37

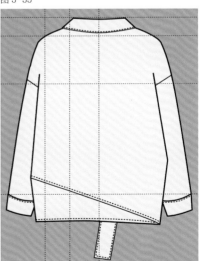

图3-38

## 2.3 童装衬衫设计元素：袖子造型

袖子造型包括平装袖、落肩袖、插肩袖、连身袖、长袖、短袖、七分袖等（图3-39）。

图 3-39

图 3-40

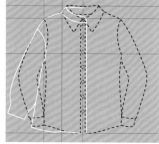

图 3-41

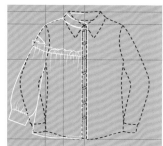

图 3-42

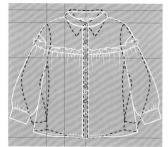

图 3-43

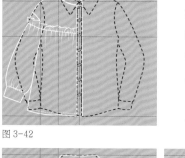

图 3-44

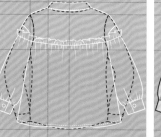

图 3-45

☆童装衬衫袖子造型（落肩袖）拓展设计绘制步骤（图3-40）：

步骤1——绘制轮廓、细节：将绘制好的基型外轮廓设置为黑色虚线，虚线粗细为3.0mm；在基型的基础上绘制此款，选择钢笔工具 ，将轮廓设置为白色实线，线条粗细为3.0mm，绘制衬衫左边基本轮廓；点击艺术笔工具 在属性栏上设置数值 ，画衣身分割线和袖口处形成的褶皱线，线条形状为上粗下细或上细下粗，点击形状工具 调整所期望的曲线形状。完成衬衫左边款式的绘制（图3-41~图3-42）。

步骤2——镜像、画纽扣及后片：点击挑选工具 选择需要复制的部分，按Ctrl+C复制再按Ctrl+V粘贴，然后点击交互式属性栏中的水平镜像 进行镜像操作，并将其移动到合适的位置（快捷方法：挑选衣服轮廓，按住Ctrl键，移动到另一边合适的位置，按右键即可完成镜像）。框选所有轮廓线，在属性栏中选择焊接 将左右片连接为一个整体。选中椭圆形工具 ，按住Ctrl键画一个圆，放置在第一粒纽扣的位置，选中圆复制粘贴完成第二粒纽扣，再复制粘贴完成最后一粒纽扣，定位上下位置，选中调和工具 ，点选第二个圆并拉向最后一个圆，在属性栏上输入 完成纽扣绘制。将前片复制，后片在前片的基础上修改完成（图3-43~图3-44）。

步骤3——填色：点击挑选工具 选择需要填色部位，单击调色板上的相应颜色进行填色（图3-45~图3-46）。

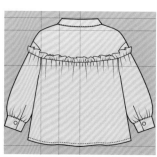

图 3-46

☆童装衬衫袖子造型（插肩袖）拓展设计绘制步骤（图3-47）：

步骤1——绘制轮廓、纽扣：将绘制好的基型外轮廓设置为黑色虚线，虚线粗细为3.0mm；在基型的基础上绘制此款，选择钢笔工具 🖊，将轮廓设置为白色实线，线条粗细为3.0mm，绘制衬衫左边基本轮廓；点击艺术笔工具 🖌 在属性栏上设置数值 ⌐~⌐ 🔽 ⌃ 100 ⌃ ▧ .0762 cm 🔽 ，画衣身分割线和袖口处形成的褶皱线，线条形状为上粗下细或上细下粗，点击形状工具 🖊 调整所期望的曲线形状（图3-48~图3-49）。

步骤2——镜像、画纽扣及后片：点击挑选工具 ▧ 选择需要复制的部分，按Ctrl+C复制再按Ctrl+V粘贴，然后点击交互式属性栏中的水平镜像 ▧ 进行镜像操作，并将其移动到合适的位置（快捷方法：挑选衣服轮廓，按住Ctrl键，移动到另一边合适的位置，按右键即可完成镜像）。框选所有轮廓线，在属性栏中选择焊接 🔗，将左右衬衫片连接为一个整体。选中椭圆形工具 🔘，按住Ctrl键画一个圆，放置在第一粒纽扣的位置，再复制粘贴画最后一粒纽扣，定位上下位置，选中调和工具 ▧，点选第二个圆并拉向最后一个圆，在属性栏上填写 ⌐ 3 ⌐ ⌐ 5.0 cm ⌐ 完成纽扣绘制。复制前片，后片在前片的基础上修改完成（图3-50~图3-51）。

步骤3——填色：在菜单栏上点击窗口—泊坞窗—颜色，将颜色泊坞窗调出并放置右侧，点击挑选工具 ▧ 选择相应颜色进行填充（图3-52~图3-53）。

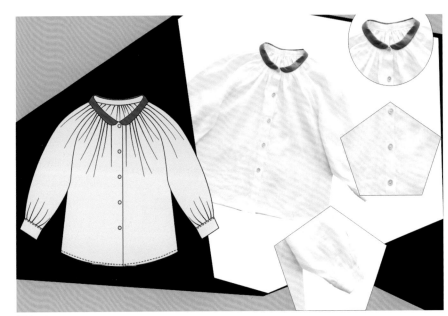

图3-47

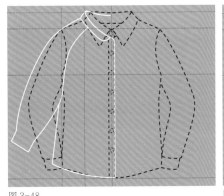

图3-48

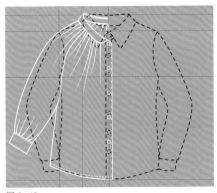

图3-49

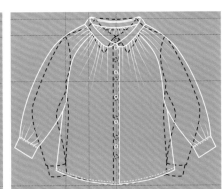

图3-50

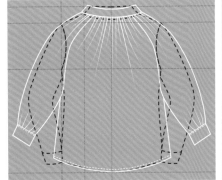

图3-51

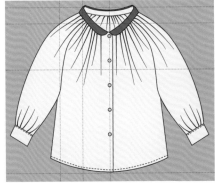

图3-52

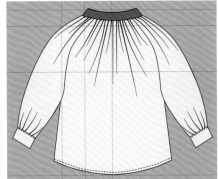

图3-53

## 2.4 童装衬衫设计元素：门襟设计形式

门襟设计形式包括半开襟、全开襟、单叠门、双叠门、斜门襟、弧门襟等（图3-54）。

图3-54

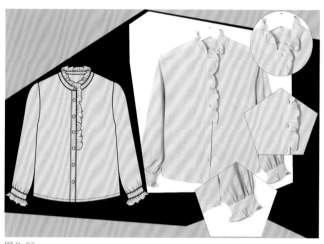

图3-55

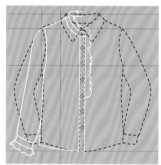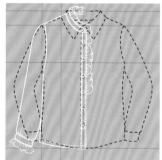

图3-56          图3-57

☆童装衬衫门襟形式（全开襟）拓展设计绘制步骤（图3-55）：

步骤1——绘制轮廓、纽扣：将绘制好的基型外轮廓设置为黑色虚线，虚线粗细为3.0mm；在基型的基础上绘制此款，选择钢笔工具，将轮廓设置为白色实线，线条粗细为3.0mm，绘制衬衫左边基本轮廓；选择手绘工具画出荷叶边外轮廓；点击艺术笔工具，在属性栏上设置数值，画荷叶边褶皱线，点击形状工具调整所期望的曲线形状。选中椭圆形工具，按住Ctrl键画一个圆，放置在第一粒扣子的位置，选中圆复制粘贴，完成第二粒纽扣，再复制粘贴画最后一粒纽扣，定位上下位置，选中调和工具，点选第二个圆并拉向最后一个圆，在属性栏上填写，完成纽扣绘制及衬衫左边款式的绘制（图3-56~图3-57）。

步骤2——镜像、画后片：点击挑选工具选择需要复制的部分，按Ctrl+C复制再按Ctrl+V粘贴，然后点击交互式属性栏中的水平镜像进行镜像操作，并将其移动到合适的位置（快捷方法：挑选衣服轮廓，按住Ctrl键，移动到另一边合适的位置，按右键即可完成镜像）。选择所需轮廓线，在属性栏中选择焊接，将左右衬衫片连接为一个整体。复制前片，后片在前片的基础上修改完成（图3-58~图3-59）。

步骤3——填色：在菜单栏上点击窗口—泊坞窗—颜色，将颜色泊坞窗调出并放置右侧，点击挑选工具选择相应颜色进行填充（图3-60~图3-61）。

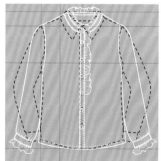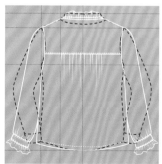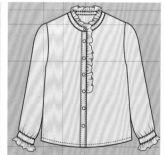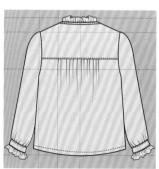

图3-58          图3-59          图3-60          图3-61

☆童装衬衫门襟（双叠门）拓展设计绘制步骤（图3-62）：

步骤1——绘制轮廓、细节：将绘制好的基型外轮廓设置为黑色虚线，虚线粗细为3.0mm；在基型的基础上绘制此款，选择钢笔工具 ✍，将轮廓设置为白色实线，线条粗细为3.0mm，绘制衬衫左边的基本轮廓；选择手绘工具 ✎ 画出荷叶边外轮廓，点击艺术笔工具 ✎，在属性栏上设置数值 🞂，画荷叶边褶皱线，点击形状工具 ✎ 调整所期望的曲线形状。选中椭圆形工具 ⬭，按住Ctrl键画一个圆，放置在第一粒纽扣的位置，再复制粘贴画最后一粒纽扣，定位上下位置，选中调和工具 ✎

图 3-62

点选第二个圆并拉向最后一个圆，在属性栏上输入 🞂 完成第一排纽扣绘制，将第一排纽扣复制粘贴，移动到相应位置即完成第二排纽扣的绘制（图3-63~图3-64）。

步骤2——镜像、画后片：点击挑选工具 ▮ 选择需要复制的部分，按Ctrl+C复制再按Ctrl+V粘贴，然后点击交互式属性栏中的水平镜像 ⬌ 进行镜像操作，并将其移动到合适的位置（快捷方法：挑选衣服轮廓，按住Ctrl键，移动到另一边合适的位置，按右键即可完成镜像）。选择相应轮廓线，在属性栏中选择焊接 ⬚，将衬衫左右部分连接为一个整体。复制前片，后片在前片的基础上修改完成（图3-65~图3-66）。

步骤3——绘制格子图案：第一步，单击矩形工具 ▯ 绘制一个长方形并填上灰色作为底色；第二步，画两个粗细不一的矩形并调整好形状，分别填上深灰色和黄色，按Ctrl+G组合对象作为条纹色；第三步，复制一条条纹，选中调和工具 ✎ 点选第一个条纹并拉向第二个条纹，在属性栏上输入 🞂 完成条纹绘制；第四步，将竖向条纹复制旋转90°变成横向

图 3-63

条纹，再与竖向条纹相叠，完成格子面料的绘制（图3-67）。

步骤4——填充颜色：单击衣领，单击右边调色板，选择相应白色填充衣领颜色；点击绘制好的格子图案，选择工作栏中对象 对象(O) 中的

PowerClip(W) ▸ ⬚ 置于图文框内部(P)…

按钮选择调和好的图案，点击需要置入的衣片，用同样的方法完成后片填色（图3-68~图3-69）。

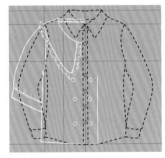

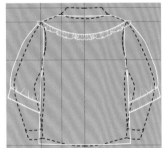

图 3-64

图 3-65

图 3-66

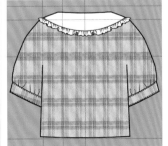

图 3-67

图 3-68

图 3-69

## 2.5 童装衬衫设计元素：装饰形式

装饰形式包括拼色、荷叶边、印花、滚边、绣花等（图3-70）。

图 3-70

☆童装衬衫装饰形式（绣花）拓展设计绘制步骤（图3-71）：

步骤1——绘制轮廓、细节：将绘制好的基型外轮廓设置为黑色虚线，虚线粗细为3.0mm；在基型的基础上绘制此款，选择钢笔工具，将轮廓设置为白色实线，线条粗细为3.0mm，绘制衬衫左边基本轮廓；选择手绘工具画出荷叶边外轮廓，点击艺术笔工具在属性栏上设置数值，画荷叶边褶皱线，点击形状工具调整所期望的曲线形状。选中椭圆形工具按住Ctrl键画一个圆，放置在第一粒纽扣的位置，再复制粘贴画最后一粒纽扣，定位上下位置，选中调和工具，点选第一个圆并拉向最后一个圆，在属性栏上填写完成纽扣绘制（图3-72~图3-73）。

图 3-71

步骤2——镜像、画后片：点击挑选工具选择需要复制的部分，按Ctrl+C复制再按Ctrl+V粘贴，然后点击交互式属性栏中的水平镜像进行镜像操作，并将其移动到合适的位置（快捷方法：挑选衣服轮廓，按住Ctrl键，移动到另一边合适的位置，按右键即可完成镜像）。框选所有轮廓线，在属性栏中选择焊接，将衬衫左右部分连接为一个整体。复制前片，后片在前片的基础上修改完成（图3-74~图3-75）。

步骤3——绘制图案、填充颜色：选择钢笔工具绘制好单个图案，再将绘制好的图案复制，并通过旋转、镜像到合适角度，组成一个适合领子造型的图案。单击工作栏中对象 对象(C) 中的 PowerClip(W) 置于图文框内部(P)... 按钮选择调和好的图案，点击需要置入的衣片填充前片图案，用同样方法完成后片图案的填充（图3-76~图3-78）。

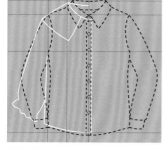

图 3-72

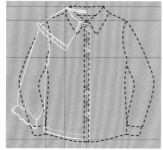

图 3-73

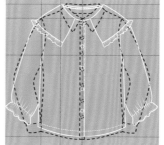

图 3-74

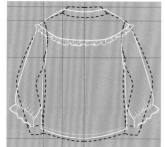

图 3-75

图 3-76

图 3-77

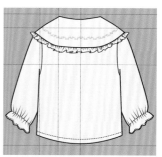

图 3-78

☆童装衬衫装饰形式（印花）拓展设计绘制步骤（图3-79）：

步骤1——绘制轮廓、细节：将绘制好的基型外轮廓设置为黑色虚线，虚线粗细为3.0mm；在基型的基础上绘制此款，选择钢笔工具，将轮廓设置为白色实线，线条粗细为3.0mm，绘制衬衫左边结构和右边口，袋明线选择虚线绘制。选中椭圆形工具，按住Ctrl键画一个圆，放置在第一粒纽扣的位置，选中圆复制粘贴，完成第二粒纽扣，再复制粘贴画最后一粒纽

图3-79

扣，定位上下位置，选中调和工具，点选第二个圆并拉向最后一个圆，在属性栏上填写，完成纽扣绘制（图3-80~图3-81）。

步骤2——镜像、画后片：点击挑选工具选择需要复制的部分，按Ctrl+C复制再按Ctrl+V粘贴，然后点击交互式属性栏中的水平镜像进行镜像操作，并将其移动到合适的位置（快捷方法：挑选衣服轮廓，按住Ctrl键，移动到另一边合适的位置，按右键即可完成镜像）。框选所有轮廓线，在属性栏中选择焊接将衬衫左右部分连接为一个整体。复制前片，后片在前片的基础上进行修改完成（图3-82~图3-83）。

步骤3——绘制图案、填充颜色：选择钢笔工具绘制好图案并填色，选择绘制好的格子图案，单击工作栏上对象中的 PowerClip(W) 按钮，点击需要置入的袖口，完成袖口格子图案的填充。单击需要填充的单色部位，单击右边调色板，选择相应颜色进行填充；将绘制好的小鹿图案移到衣片相应位置，完成颜色填充（图3-84~图3-86）。

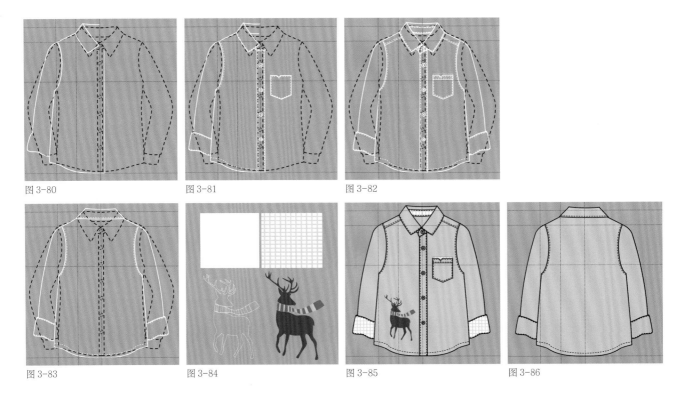

图3-80

图3-81

图3-82

图3-83

图3-84

图3-85

图3-86

# 任务3 童装衬衫自由设计

## 3.1 童装衬衫 H 形款式绘制（图 3-87 ~图 3-93）

图 3-87

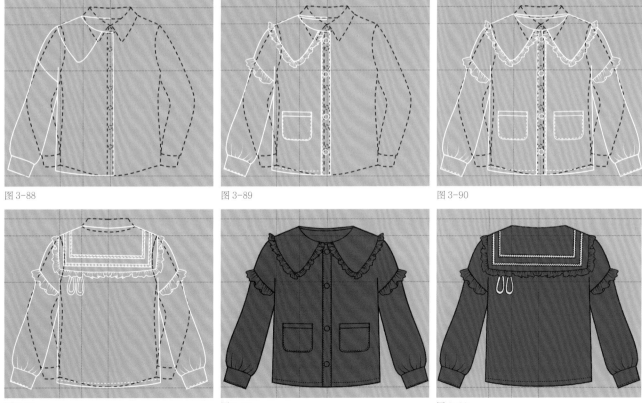

图 3-88    图 3-89    图 3-90

图 3-91    图 3-92    图 3-93

## 3.2 童装衬衫全门襟款式绘制（图3-94 ~图3-100）

图3-94

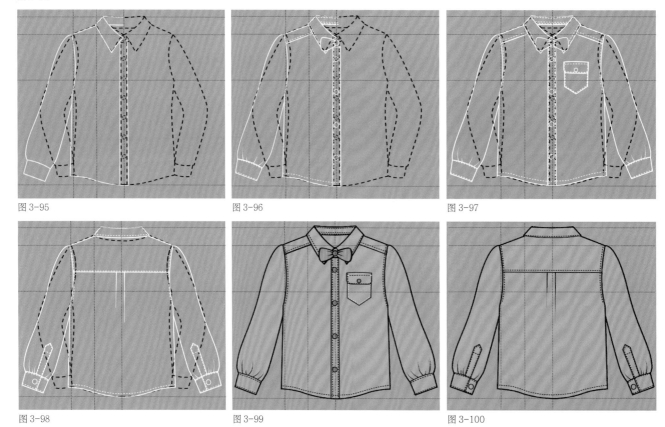

图3-95

图3-96

图3-97

图3-98

图3-99

图3-100

## 3.3 童装衬衫明贴袋款式绘制（图 3-101 ~ 图 3-107）

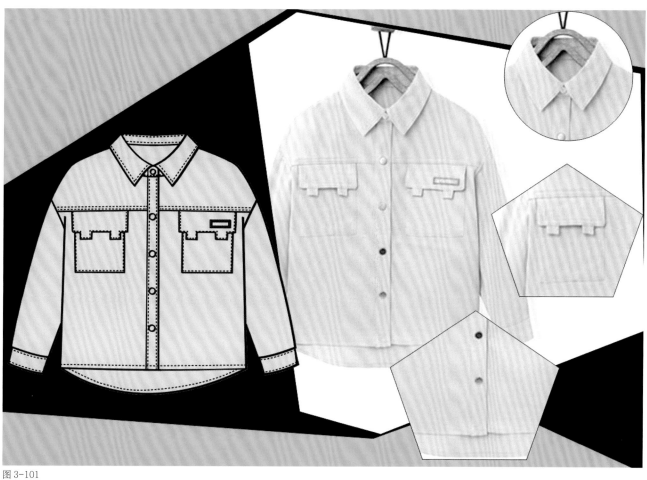

图 3-101

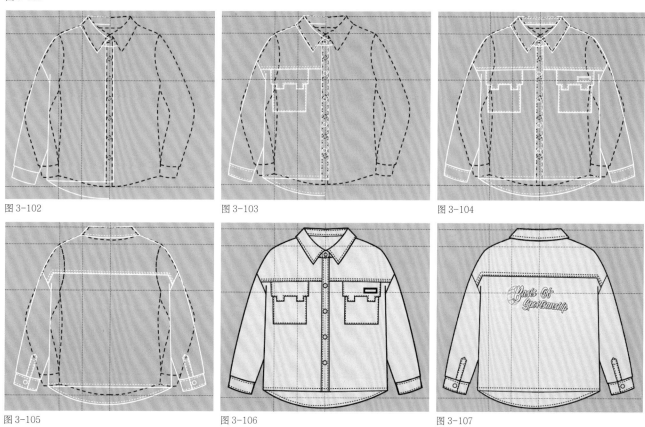

图 3-102

图 3-103

图 3-104

图 3-105

图 3-106

图 3-107

## 3.4 童装衬衫拼色装饰款式绘制（图 3-108 ～图 3-114）

图 3-108

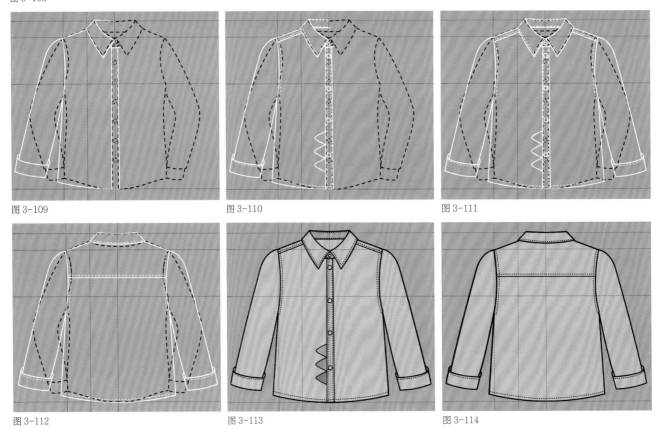

图 3-109

图 3-110

图 3-111

图 3-112

图 3-113

图 3-114

## 3.5 童装衬衫荷叶边装饰款式绘制（图 3-115 ~ 图 3-121）

图 3-115

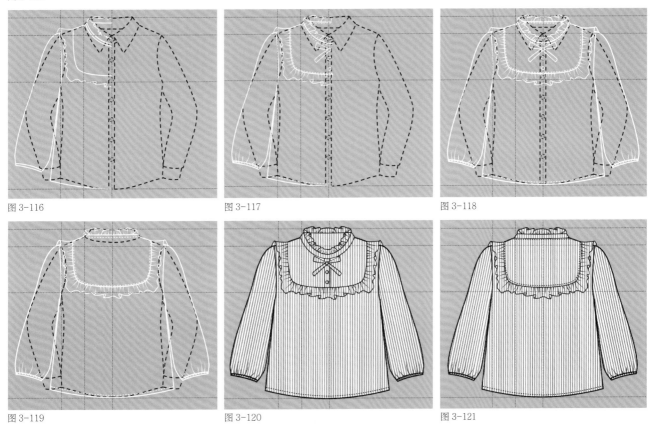

图 3-116

图 3-117

图 3-118

图 3-119

图 3-120

图 3-121

## 3.6 童装衬衫条纹面料款式绘制（图 3-122 ～图 3-128）

图 3-122

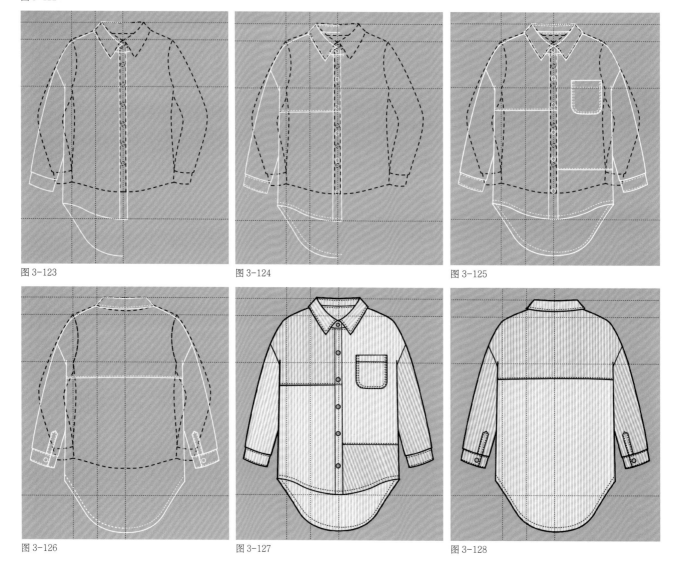

图 3-123

图 3-124

图 3-125

图 3-126

图 3-127

图 3-128

## 3.7 童装衬衫格子面料款式绘制（图3-129～图3-136）

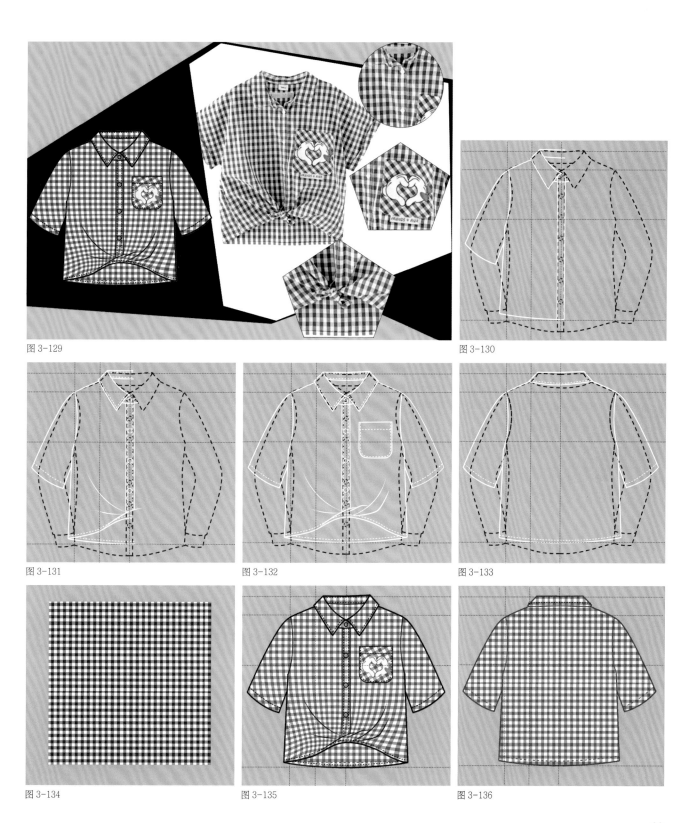

图3-129

图3-130

图3-131

图3-132

图3-133

图3-134

图3-135

图3-136

## 3.8 童装衬衫印花图案款式绘制（图 3-137 ~ 图 3-145）

图 3-137

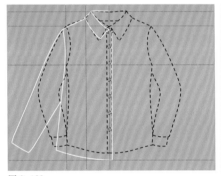

图 3-138

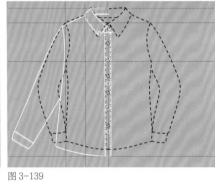

图 3-139

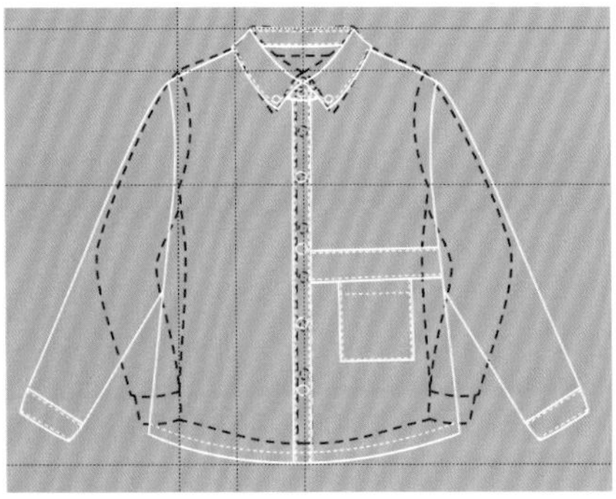

图 3-140

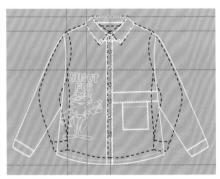

图 3-141

图 3-142

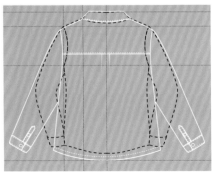

图 3-143

图 3-144

图 3-145

## 3.9 童装衬衫翻立领款式绘制（图 3-146 ~ 图 3-153）

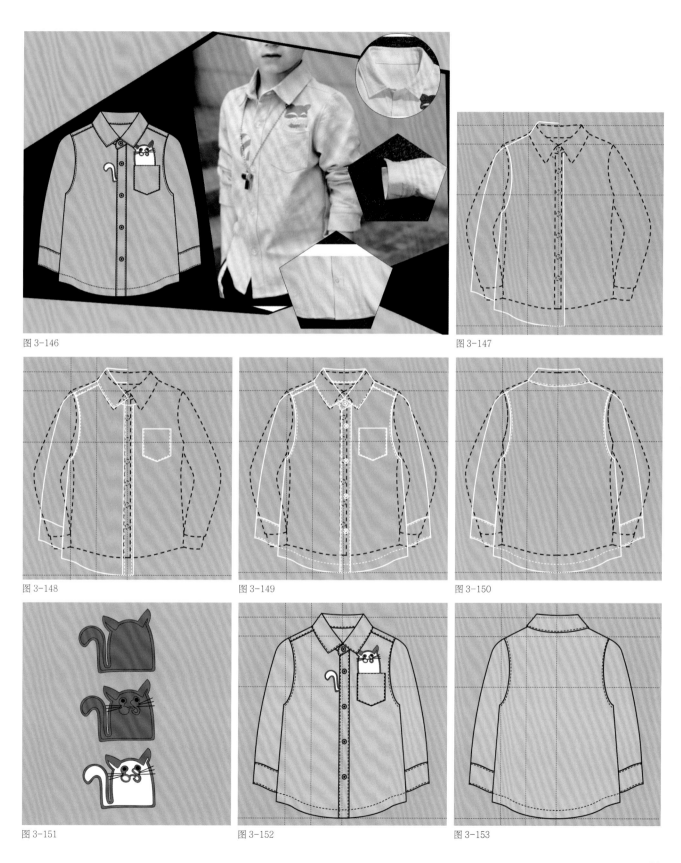

图 3-146

图 3-147

图 3-148

图 3-149

图 3-150

图 3-151

图 3-152

图 3-153

## 3.10 童装衬衫印花图案款式绘制（图 3-154 ～图 3-161）

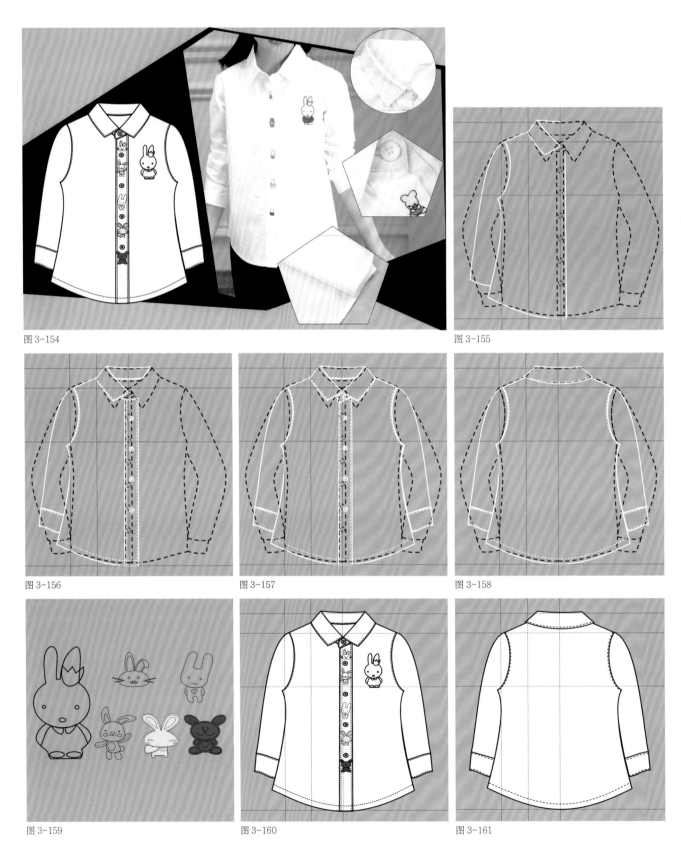

图 3-154

图 3-155

图 3-156

图 3-157

图 3-158

图 3-159

图 3-160

图 3-161

**任务4 童装衬衫课后练习(图3-162~图3-164)**

图3-162

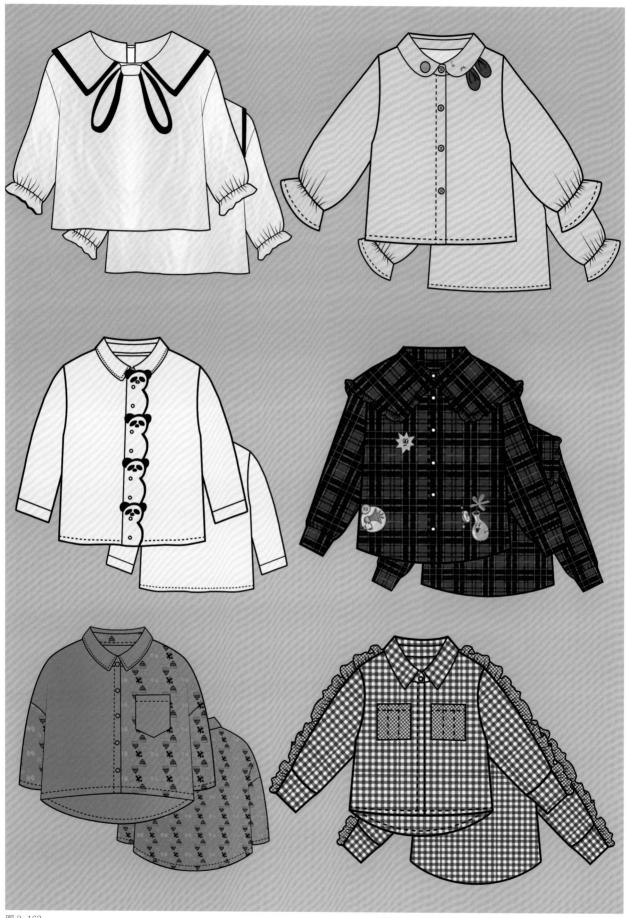

图 3-163

图 3-164

# 项目四  童装半身裙款式绘制

图 4-1

## 任务1 童装半身裙基型绘制

### 1.1 童装半身裙——款式特点

　　半身裙是围在人体下半身无裆缝的服装，半身裙的造型要体现人体美且必须适合下肢活动的需要。半身裙款式众多，是女童的主要下装形式之一，主要有A形裙、裥裙、蛋糕裙等（图4-1）。

### 1.2 童装半身裙——基型绘制步骤

　　步骤1——新建文件，设置图纸标尺及绘图比例（如第一章所设置）。

　　步骤2——水平辅助线设置：a点为前中心点（坐标原点），a—b的距离为裙长。

　　垂直辅助线设置：a—c的距离为1/4腰围大，b—d的距离为1/4裙摆大。

　　步骤3——绘制外轮廓：选择钢笔工具 ，设置好线条粗细为3.0mm，按顺序分别点击a、c、d、b、a点绘制出外框基本轮廓。选择形状工具 框选所画折线，在属性栏中点击转换成曲线 ，调整所期望的曲线形状，完成左半部分款式的绘制。点击挑选工具 选择左半部分，按Ctrl+C复制再按Ctrl+V粘贴，点击交互式属性栏中的水平镜像 进行镜像操作，并将其移动到合适的位置（快捷方法：挑选衣服轮廓，按住Ctrl键，移动到另一边合适的位置，按右键即可完成镜像）。框选所有轮廓线，在属性栏中选择焊接 ，将左右裙片连接为一个整体（图4-2~图4-3）。

　　步骤4——画腰头、明线：选择钢笔工具 画腰头和底摆明线，点击形状工具 调整线条至所需形状（图4-4）。

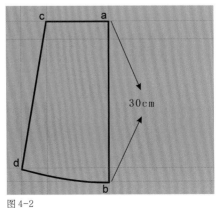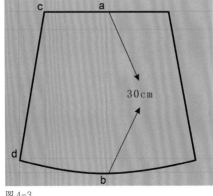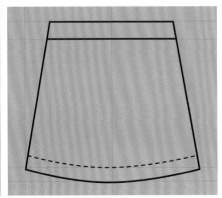

图 4-2　　　　　　　　　　　　　　图 4-3　　　　　　　　　　　　　　图 4-4

# 任务2 童装半身裙拓展设计

## 2.1 童装半身裙设计元素：廓形

廓形包括A形、H形、O形、S形等（图4-5）。

图 4-5

图 4-6

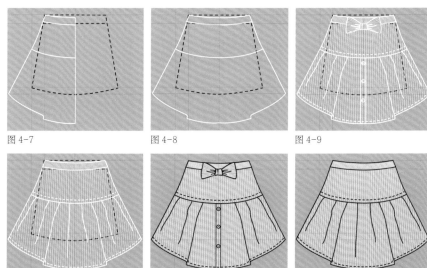

图 4-7　　　　　图 4-8　　　　　图 4-9

图 4-10　　　　　图 4-11　　　　　图 4-12

☆童装半身裙廓形（A形）拓展设计绘制步骤（图4-6）：

步骤1——绘制轮廓、镜像：将绘制好的基型外轮廓设置为黑色虚线，虚线粗细为3.0mm；在基型的基础上绘制此款，选择钢笔工具🖊，将轮廓设置为白色实线，线条粗细为3.0mm，绘制半身裙左边基本轮廓，选择形状工具🖊调整所期望的曲线形状，完成左边半身裙轮廓的绘制。点击挑选工具➤选择左边轮廓，按Ctrl+C复制再按Ctrl+V粘贴，然后点击交互式属性栏的水平镜像🔁进行镜像操作，并将其移动到合适的位置（快捷方法：挑选衣服轮廓，按住Ctrl键，移动到另一边合适的位置，按右键即可完成镜像）。框选所有轮廓线，在属性栏中选择焊接🔂，将左右裙片连接为一个整体（图4-7～图4-8）。

步骤2——绘制细节、条纹面料：选择钢笔工具🖊绘制蝴蝶结和前搭门，选择椭圆工具⭕按住Ctrl绘制纽扣，按Ctrl+C复制再按Ctrl+V粘贴，复制出第三粒纽扣并放在合适位置，选择调和工具🖌点选第一粒纽扣，按着鼠标拉到第三粒纽扣，在属性栏上 [1 / 10.0 mm] 输入调和完成值完成纽扣绘制。选择手绘工具🖊绘制裙子褶皱。再点击手绘工具🖊，按住Ctrl，在左右各绘制一条垂线，选择调和工具🖌点选左边线，按住鼠标拉到右边线，[54 / 5.0 cm] 输入调和值完成。选择工作栏的对象 [对象(O)] 中的 [PowerClip(W) ▸ 置于图文框内部(P)] 按钮，选择调和好的对象，完成裙子条纹的绘制。用同样方法完成蝴蝶结和腰头的条纹填充。复制前片，修改并完成后片的绘制（图4-9～图4-10）。

步骤4——填色：点击挑选工具➤框选所有图形，单击调色板上的相应颜色进行填色（图4-11～图4-12）。

☆童装半身裙廓形（H形）拓展设计绘制步骤（图4-13）：

步骤1——绘制轮廓、镜像：将绘制好的基型外轮廓设置为黑色虚线，虚线粗细为3.0mm；在基型的基础上绘制此款，选择钢笔工具，将轮廓设置为白色实线，线条粗细为3.0mm，绘制半身裙左边基本轮廓，选择形状工具调整所期望的曲线形状，完成左边半身裙轮廓的绘制。点击挑选工具选择左边轮廓，按Ctrl+C复制再按Ctrl+V粘贴，然后点击交互式属性栏中的水平镜像进行镜像操作，并将其移动到合适的位置（快捷方法：挑选衣服轮廓，按住Ctrl键，移动到另一边合适的位置，按右键即可完成镜像）。框选所有轮廓线，在属性栏中选择焊接，将左右裙片连接为一个整体（图4-14~图4-15）。

步骤2——绘制细节：选择钢笔工具绘制分割线、明线及口袋。选择手绘工具绘制腰口橡筋褶皱线。选择形状工具

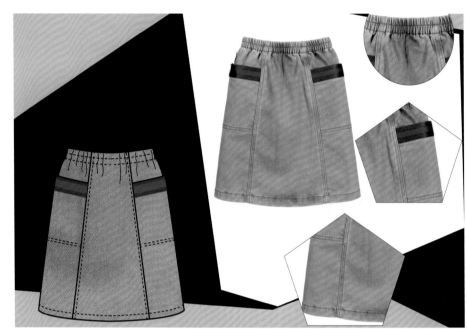

调整所期望的曲线形状，完成裙子各部位的形状绘制；复制前片，在前片基础上修改，完成后片绘制（图4-16~图4-17）。

步骤3——填色：导入一幅牛仔裙图片，选择工作栏中对象 对象(C) 下的

PowerClip(W)　置于图文框内部(P)

按钮，点击画好的半身裙轮廓，将图片牛仔裙面料填充至半身裙中；再点击对象，选择工作栏中对象 对象(C) 下的

PowerClip(W)　置于图文框内部(P)

按钮，调整填色部位。在调色板上选择相应颜色填充袋口处颜色（图4-18~图4-19）。

图4-13

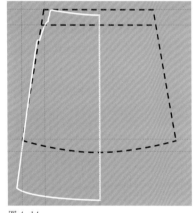

图4-14

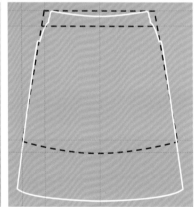

图4-15

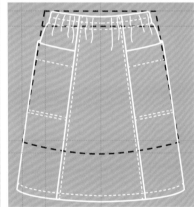

图4-16

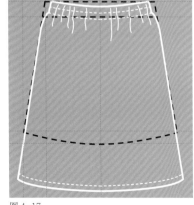

图4-17

图4-18

图4-19

## 2.2 童装半身裙设计元素：长度

按长度可分为短裙、短裙、中裙、长裙等（图4-20）。

图 4-20

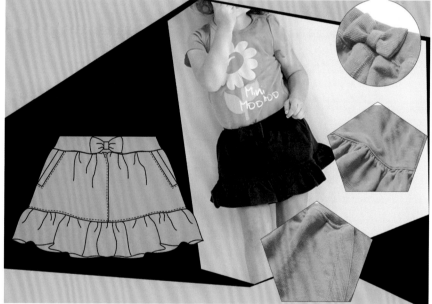

图 4-21

☆童装半身裙长度（短裙）拓展设计绘制步骤（图4-21）：

步骤1——绘制轮廓、镜像：将绘制好的基型外轮廓设置为黑色虚线，虚线粗细为3.0mm；在基型的基础上绘制此款，选择钢笔工具，将轮廓设置为白色实线，线条粗细为3.0mm，绘制半身裙左边基本轮廓，选择形状工具调整所期望的曲线形状，完成左边半身裙的轮廓绘制。点击挑选工具选择左边轮廓，按Ctrl+C复制，再按Ctrl+V粘贴，然后点击交互式属性栏中的水平镜像进行镜像操作，并将其移动到合适的位置（快捷方法：挑选衣服轮廓，按住Ctrl键，移动到另一边合适的位置，按右键即可完成镜像）。框选所有轮廓线，在属性栏中选择焊接，将左右裙片连接为一个整体。选择钢笔工具绘制分割线、明辑线、蝴蝶结及口袋，选择形状工具调整所期望的曲线形状（图4-22~图4-23）。

步骤2——绘制细节：选择手绘工具绘制腰口褶皱及荷叶边褶皱，选择形状工具调整所期望的曲线形状（图4-24~图4-25）。

步骤3——填色：在菜单栏上点击窗口—泊坞窗—颜色，将颜色泊坞窗调出并放置右侧，点击挑选工具选择相应颜色进行填充（图4-26~图4-27）。

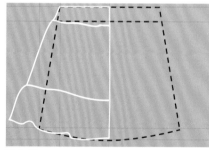

图 4-22

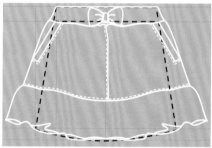

图 4-23

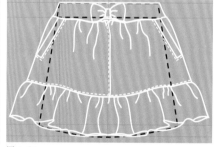

图 4-24

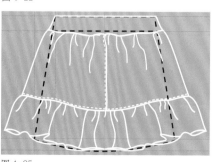

图 4-25

图 4-26

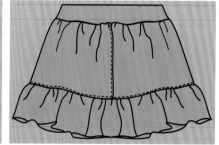

图 4-27

☆童装半身裙长度（长裙）拓展设计绘制步骤（图4-28）：

步骤1——绘制轮廓、镜像：将绘制好的基型外轮廓设置为黑色虚线，虚线粗细为3.0mm；在基型的基础上绘制此款，选择钢笔工具 🖋，将轮廓设置为白色实线，线条粗细为3.0mm，绘制半身裙左边基本轮廓，选择形状工具 ⯅，调整所期望的曲线形状，完成左边半身裙轮廓绘制。点击挑选工具 ▶ 选择左边轮廓，按Ctrl+C复制再按Ctrl+V粘贴，然后点击交互式属性栏中的水平镜像 ◪ 进行镜像操作，并将其移动到合适的位置（快捷方法：挑选衣服轮廓，按住Ctrl键，移动到另一边合适的位置，按右键即可完成镜像）。框选所有轮廓线，在属性栏中选择焊接 ◳，将左右裙片连接为一个整体（图4-29~图4-30）。

步骤2——绘制细节、填色：选择钢笔工具 🖋 画分割线、口袋、底摆波浪；点击艺术笔工具 🖌，在属性栏上设置数值 ⟨↝ ▾ ‹ 100 + › .0762 cm ▴▾ ⟩，将腰口处的褶皱画成上粗下细的线条，点击形状工具 ⯅ 调整所期望的曲线形状。点击挑选工具 ▶，单击调色板上的相应颜色进行填色（图4-31~图4-32）。

步骤3——画图案：运用钢笔工具 🖋 画出图案，点击挑选工具 ▶，单击调色板上的相应颜色进行填色，框选所有图案，在属性栏上点击组合对象 ⊡（或按Ctrl+G）将图案组合成一个整体，选择工作栏中对象 ⟨对象(O)⟩ 中的 ⟨PowerClip(W) ▸⟩ 置于图文框内部(P) 按钮点击画好的裙子轮廓，将图案填充至裙子中，调整填色至合适部位（图4-33~图4-34）。

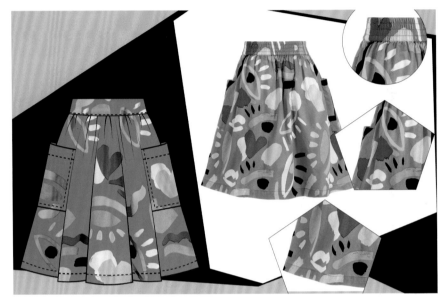

图 4-28

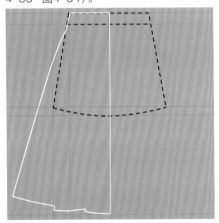

图 4-29

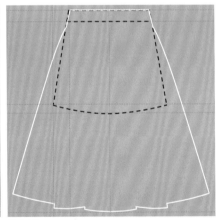

图 4-30

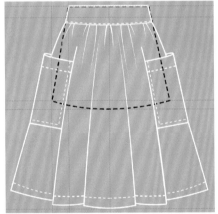

图 4-31

图 4-32

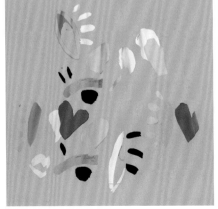

图 4-33

图 4-34

## 2.3 童装半身裙设计元素：腰头造型

腰头造型可分为装腰头、无腰头、高腰头、中腰头、低腰头等（图4-35）。

图4-35

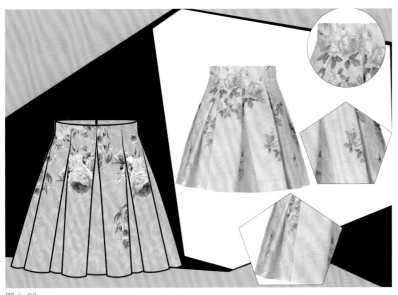

图4-36

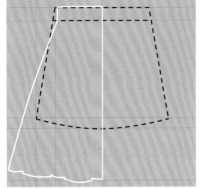

图4-37

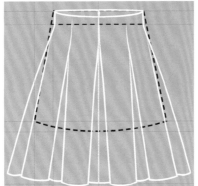

图4-38

图4-39

图4-40

图4-41

☆童装半身裙腰头造型（无腰头）拓展设计绘制步骤（图4-36）：

步骤1——绘制轮廓、镜像：将绘制好的基型外轮廓设置为黑色虚线，虚线粗细为3.0mm；在基型的基础上绘制此款，选择钢笔工具，将轮廓设置为白色实线，线条粗细为3.0mm，绘制半身裙左边基本轮廓，选择形状工具调整所期望的曲线形状，完成左边半身裙轮廓的绘制。点击挑选工具选择左边轮廓，按Ctrl+C复制再按Ctrl+V粘贴，然后点击交互式属性栏中的水平镜像进行镜像操作，并将其移动到合适的位置（快捷方法：挑选衣服轮廓，按住Ctrl键，移动到另一边合适的位置，按右键即可完成镜像）。框选所有轮廓线，在属性栏中选择焊接，将左右裙片连接为一个整体。选择钢笔工具画裙褶线，点击形状工具调整所期望的曲线形状（图4-37~图4-38）。

步骤2——导图片、填色：导入花卉图片截取底纹，选择工作栏中对象 对象(C) 中的 PowerClip(W) ▸ 置于图文框内部(P) 按钮，选择调和好的对象，点击裙子，将底纹填充至裙片上；将花卉图案复制并旋转，点击形状工具，调整图片至所需的形状并移入裙子中，将所有图案调整好后，框选所有内容，在属性栏上点击组合对象（或按Ctrl+G）将图案组合成一个整体（图4-39~图4-41）。

81

☆童装半身裙腰头造型（装腰头）拓展设计绘制步骤（图4-42）：

步骤1——绘制轮廓、镜像：将绘制好的基型外轮廓设置为黑色虚线，虚线粗细为3.0mm；在基型的基础上绘制此款，选择钢笔工具，将轮廓设置为白色实线，线条粗细为3.0mm，绘制半身裙左边基本轮廓，选择形状工具调整所期望的曲线形状，完成左边半身裙轮廓的绘制。点击挑选工具选择左边轮廓，按Ctrl+C复制再按Ctrl+V粘贴，然后点击交互式属性栏中的水平镜像进行镜像操作，并将其移动到合适的位置（快捷方法：挑选衣服轮廓，按住Ctrl键，移动到另一边合适的位置，按右键即可完成镜像）。框选所有轮廓线，在属性栏中选择焊接，将左右裙片连接为一个整体。选择钢笔工具画腰部褶线，点击形状工具调整所期望的曲线形状。点击艺术笔工具，在属性栏上设置数值，将腰头下方的褶皱画成上粗下细的线条，点击形状工具调整所期望的曲线形状（图4-43~图4-44）。

步骤2——画细节及图案：选择钢笔工具绘制裙子上的图案造型，选择形状工具调整所期望的曲线形状（图4-45~图4-46）。

步骤3——填色：在菜单栏上点击窗口—泊坞窗—颜色，将颜色泊坞窗调出并放置右侧，点击挑选工具，选择相应颜色进行填充（图4-47~图4-48）。

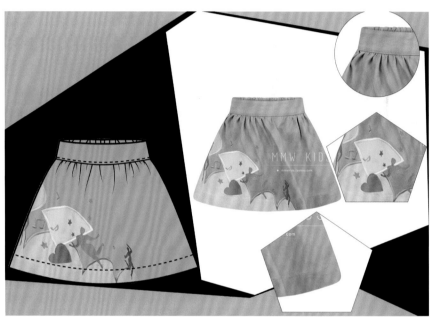

图 4-42

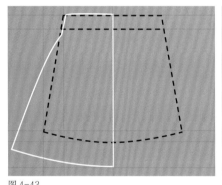

图 4-43

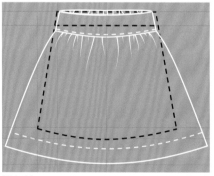

图 4-44

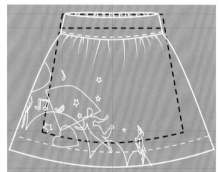

图 4-45

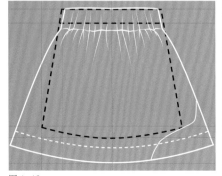

图 4-46

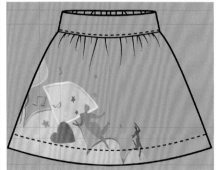

图 4-47

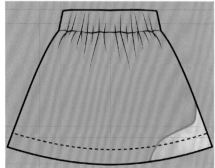

图 4-48

## 2.4 童装半身裙设计元素：装饰形式

根据装饰形式可分为绣花、拼接、印花、滚边、蕾丝等（图4-49）。

图 4-49

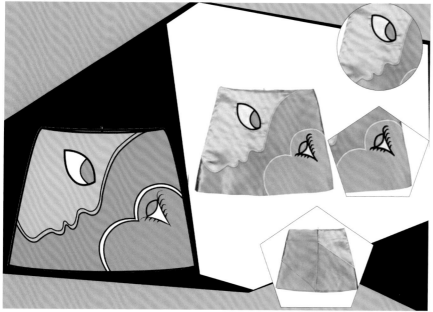

图 4-50

☆童装半身裙装饰形式（印花）拓展设计绘制步骤（图4-50）：

步骤1——绘制裙子轮廓、图案轮廓：将绘制好的基型外轮廓设置为黑色虚线，虚线粗细为3.0mm；在基型的基础上绘制此款，选择钢笔工具 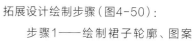，将轮廓设置为白色实线，线条粗细为3.0mm，绘制半身裙基本轮廓，选择形状工具 调整所期望的曲线形状，完成半身裙轮廓的绘制；用同样的方法绘制图案轮廓。复制前片，修改完成后片款式的绘制（图4-51~图4-53）。

步骤2——填色：在菜单栏上点击窗口—泊坞窗—颜色，将颜色泊坞窗调出并放置右侧，点击挑选工具 ，选择相应颜色进行填充（图4-54~图4-55）。

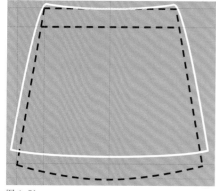

图 4-51

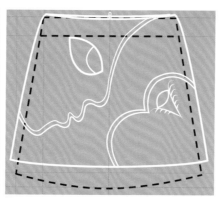

图 4-52

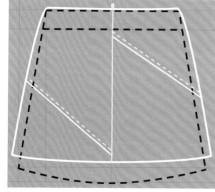

图 4-53

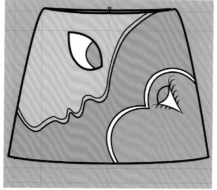

图 4-54

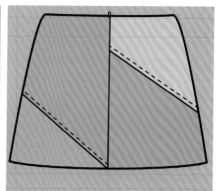

图 4-55

☆童装半身裙装饰形式（拼接）拓展设计绘制步骤（图4-56）：

步骤1——绘制轮廓、镜像：将绘制好的基型外轮廓设置为黑色虚线，虚线粗细为3.0mm；在基型的基础上绘制此款，选择钢笔工具 🖊️，将轮廓设置为白色实线，线条粗细为3.0mm，绘制半身裙左边基本轮廓，选择形状工具 ➹ 调整所期望的曲线形状，完成左边半身裙轮廓的绘制。点击挑选工具 ➤ 选择左边轮廓，按Ctrl+C复制再按Ctrl+V粘贴，然后点击交互式属性栏中的水平镜像 🔳 进行镜像操作，并将其移动到合适的位置（快捷方法：挑选衣服轮廓，按住Ctrl键，移动到另一边合适的位置，按右键即可完成镜像）。框选所有轮廓线，在属性栏中选择焊接 🔳，将左右裙片连接为一个整体（图4-57~图4-58）。

步骤2——画细节：选择钢笔工具 🖊️ 画裙褶线、蝴蝶结、明线、拼接线等，点击形状工具 ➹ 调整所期望的曲线形状。选择手绘工具 ✎ 在属性栏上设置平滑度 〰️ 50 ➕ 绘制腰头松紧褶皱线。

步骤3——填色：在菜单栏上点击窗口—泊坞窗—颜色，将颜色泊坞窗调出并放置右侧，点击挑选工具 ➤，选择相应颜色进行填充（图4-59~图4-60）。

图4-56

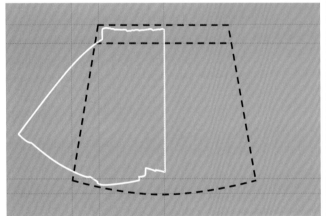

图4-57

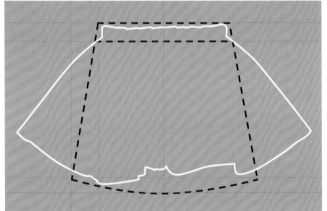

图4-58

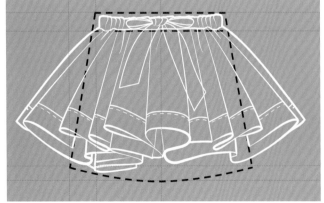

图4-59

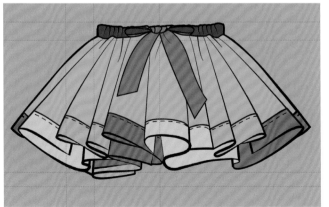

图4-60

# 任务3 童装半身裙自由设计

## 3.1 童装塔裙款式绘制（图4-61 ~ 图4-66）

图4-61

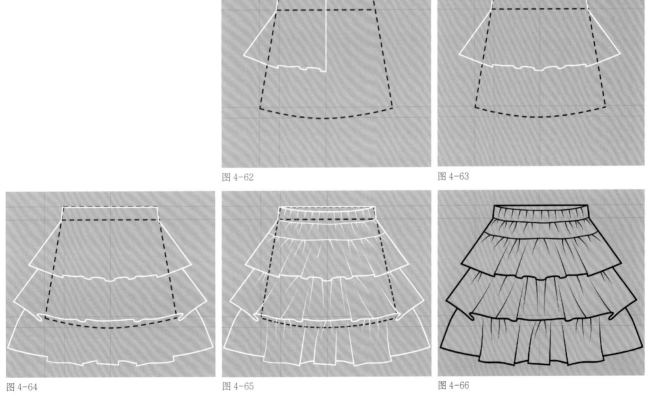

图4-62

图4-63

图4-64

图4-65

图4-66

## 3.2 童装装腰头半身裙款式绘制（图 4-67 ~ 图 4-72）

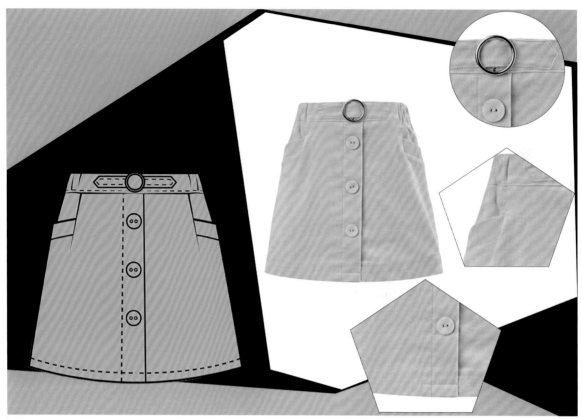

图 4-67

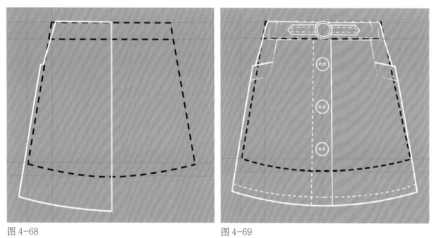

图 4-68　　　　　　　　　　　图 4-69

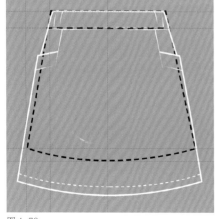

图 4-70

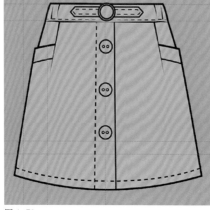

图 4-71

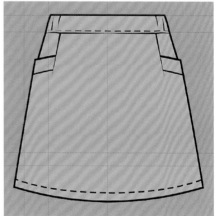

图 4-72

### 3.3 纽扣装饰童装半身裙款式绘制（图 4-73 ~ 图 4-79）

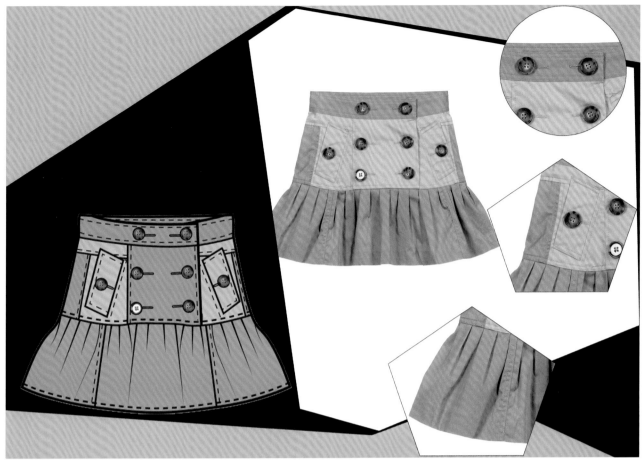

图 4-73

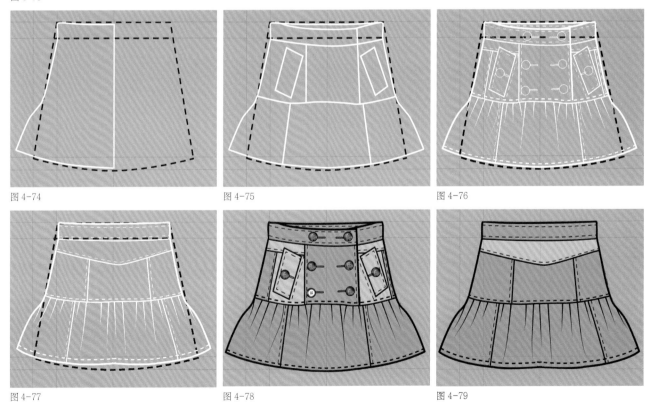

图 4-74

图 4-75

图 4-76

图 4-77

图 4-78

图 4-79

## 3.4 童装斜摆塔裙款式绘制（图4-80～图4-86）

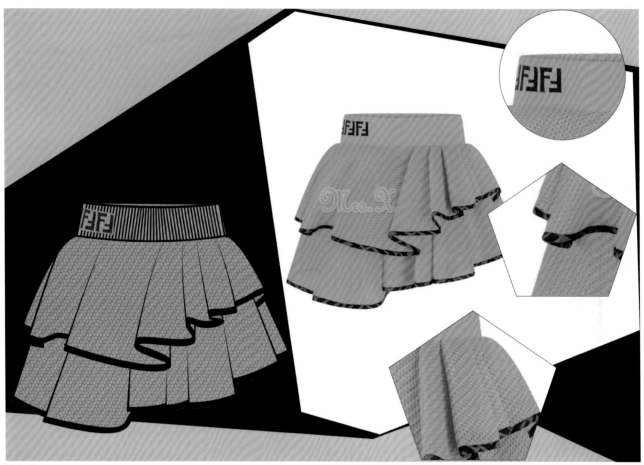

图 4-80

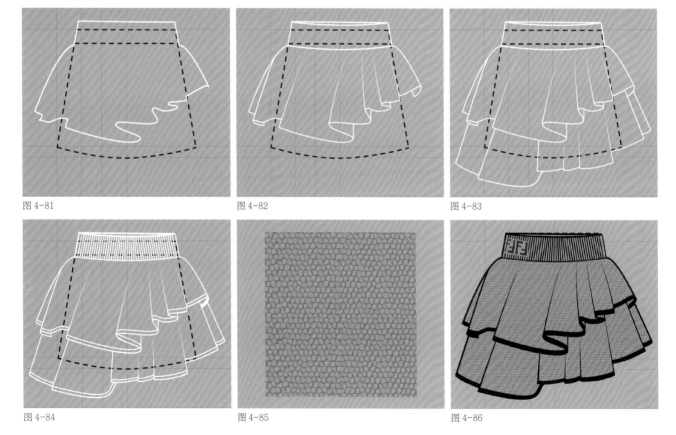

图 4-81                   图 4-82                   图 4-83

图 4-84                   图 4-85                   图 4-86

## 3.5 童装拼接波浪裙款式绘制（图 4-87 ～ 图 4-93）

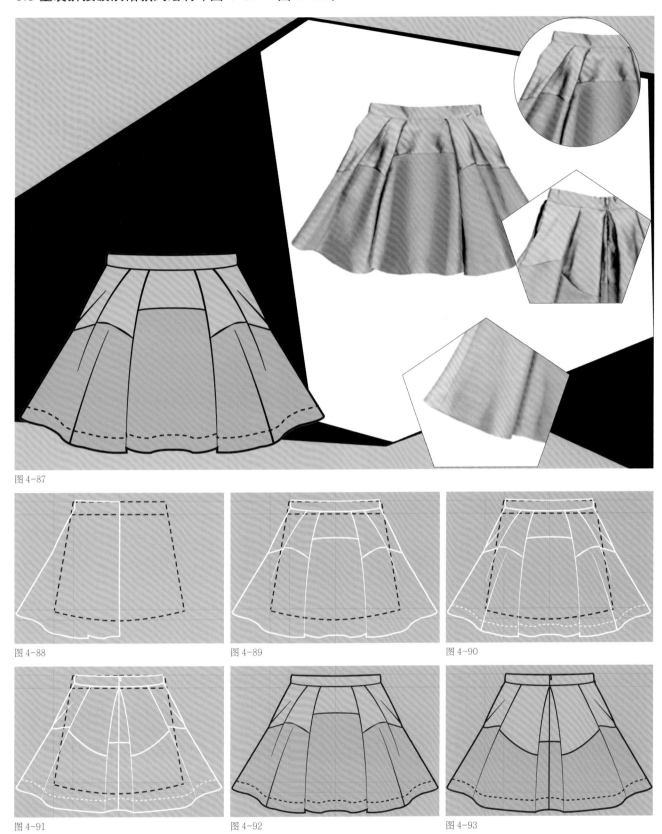

图 4-87

图 4-88

图 4-89

图 4-90

图 4-91

图 4-92

图 4-93

# 3.6 童装条纹装饰半身裙款式绘制（图4-94 ~图4-99）

图4-94

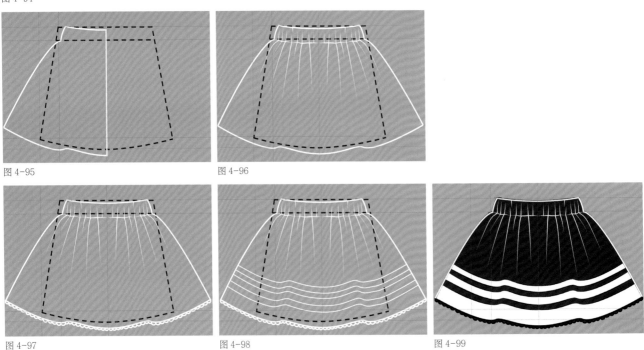

图4-95

图4-96

图4-97

图4-98

图4-99

## 3.7 童装立体贴袋装饰半身裙款式绘制（图 4-100 ～图 4-106）

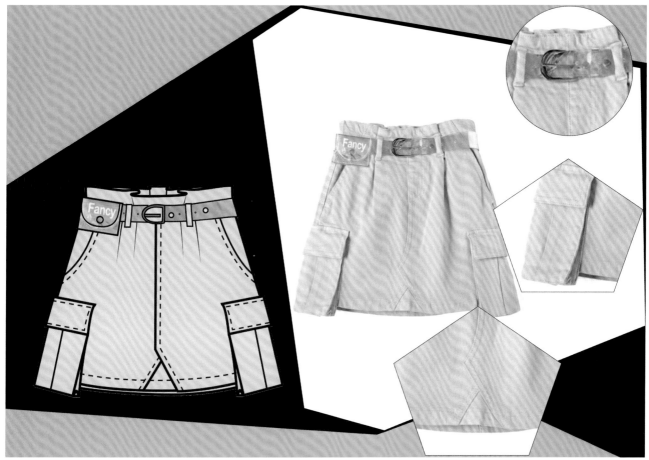

图 4-100

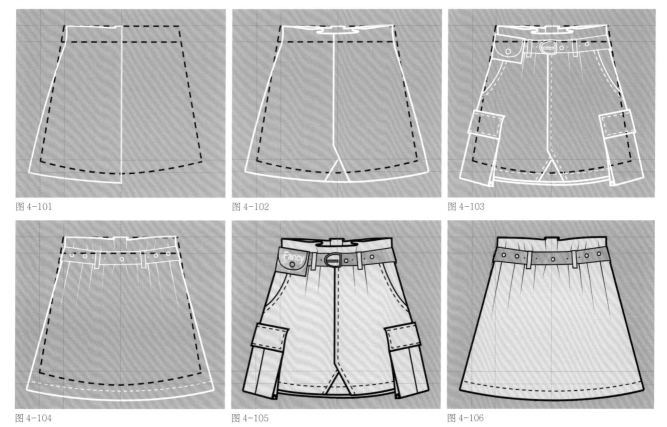

图 4-101　　　　　图 4-102　　　　　图 4-103

图 4-104　　　　　图 4-105　　　　　图 4-106

## 3.8 童装橡筋波浪裙款式绘制（图 4-107 ~ 图 4-113）

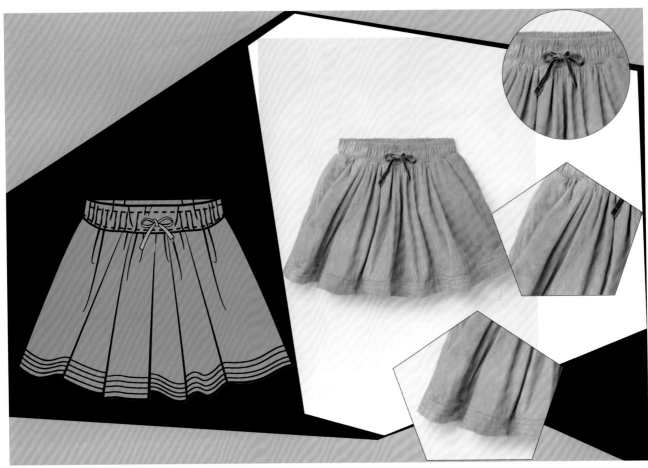

图 4-107

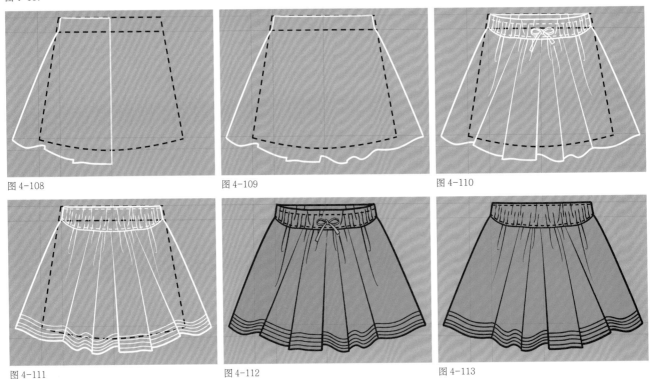

图 4-108

图 4-109

图 4-110

图 4-111

图 4-112

图 4-113

**任务4 童装半身裙课后练习（图4-114～图4-116）**

图4-114

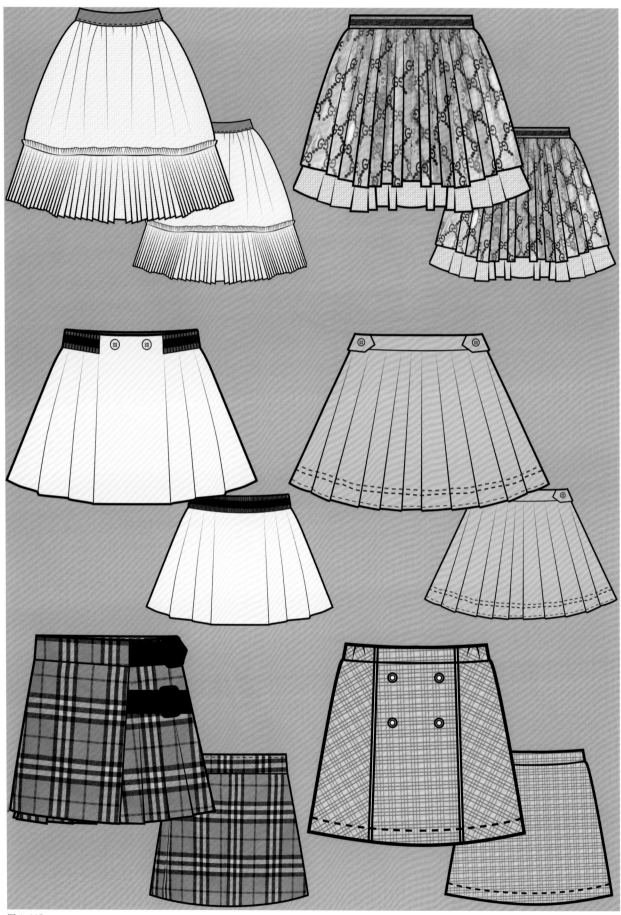

图 4-115

图 4-116

# 项目五 童装裤子款式绘制

图 5-1

## 任务1 童装裤子基型绘制

### 1.1 童装裤子——款式特点

  童装裤子要求方便运动且舒适，对皮肤的防护效果好，多采用纯棉、涤棉、天然彩棉、毛、皮毛一体等无害面料。版型以宽松简约为主。童装裤子主要分为短裤、七分裤、长裤、背带裤、哈伦裤等（图5-1）。

### 1.2 童装裤子——基型绘制步骤

  ☆ 童装短裤——基型绘制步骤：

  步骤1——新建文件，设置图纸标尺及绘图比例（如第一章所设置）。

  步骤2——水平辅助线设置：c点为前中心点（坐标原点），c—o的距离为上裆长，a—f的距离为裤长。

  垂直辅助线设置：b—a的距离为1/4腰围大，g—f的距离为1/2脚口大，e—h为1/4臀围大。

  步骤3——绘制外轮廓：选择钢笔工具，设置好线条粗细为3.0mm。按顺序分别点击b、a、f、g、o、b点绘制出外框基本轮廓，再分别点击c、d两点绘制腰口线（图5-2）。

  步骤4——镜像、画纽扣：选择形状工具框选所画折线，在属性栏中点击转换成曲线，调整所期望的曲线形状，完成左半部分款式的绘制。点击挑选工具选择左边款式，按Ctrl+C复制再按Ctrl+V粘贴，点击交互式属性栏中的水平镜像进行镜像操作，并将其移动到合适的位置（快捷方法：挑选衣服轮廓，按住Ctrl键，移动到另一边合适的位置，按右键即可完成镜像）。选择椭圆工具，按住Ctrl画纽扣。选择钢笔工具画后腰口线，完成短裤基型的绘制（图5-3）。

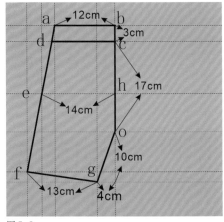

图 5-2

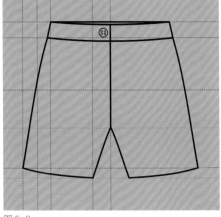

图 5-3

96

☆ 童装长裤——基型绘制步骤:

步骤1——新建文件,设置图纸标尺及绘图比例(如第一章所设置)。

步骤2——水平辅助线设置:c点为前中心点(坐标原点);c—b的距离为腰宽;c—o的距离为上裆长,a—f的距离为裤长。

垂直辅助线设置:b—a的距离为1/4腰围大;g—f的距离为1/2脚口大。

步骤3——绘制外轮廓:选择钢笔工具🖊,设置线条粗细为3.0mm。按顺序分别点击b、a、f、g、o、b点绘制出外框基本轮

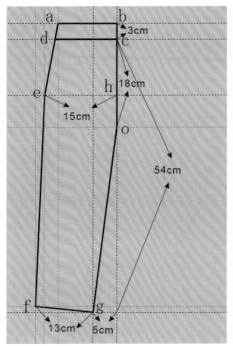

图 5-4

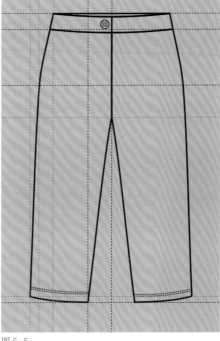

图 5-5

廓,再分别点击c、d两点绘制腰口线(图5-4)。

步骤4——镜像、画纽扣:选择形状工具🖊框选所画折线,在属性栏中点击转换成曲线📈,调整所期望的曲线形状,完成左半部分款式的绘制。点击挑选工具🔧选择左边款式,按Ctrl+C复制再按Ctrl+V粘贴,点击交互式属性栏中的水平镜像🔛进行镜像操作,并将其移动到合适的位置(快捷方法:挑选衣服轮廓,按住Ctrl键,移动到另一边合适的位置,按右键即可完成镜像)。选择椭圆工具⬭,按住Ctrl画纽扣。选择钢笔工具🖊绘制后腰口线、脚口明线,完成长裤基型的绘制(图5-5)。

# 任务2
# 童装裤子拓展设计

## 2.1 童装裤子设计元素:裤型

根据裤型可分为喇叭裤、裙裤、灯笼裤、直筒裤、锥形裤等(图5-6)。

图 5-6

☆童装裤子裤型（裙裤）拓展设计绘制步骤（图5-7）：

步骤1——绘制轮廓、镜像：将绘制好的基型外轮廓设置为黑色虚线，虚线粗细为3.0mm；在基型的基础上绘制此款，选择钢笔工具▣，将轮廓设置为白色实线，线条粗细为3.0mm，绘制裤子左边基本轮廓，选择形状工具▣调整所期望的曲线形状，完成左边裤子轮廓的绘制。点击挑选工具▣选择左边轮廓，按Ctrl+C复制再按Ctrl+V粘贴，然后点击交互式属性栏中的水平镜像▣进行镜像操作，并将其移动到合适的位置（快捷方法：挑选衣服轮廓，按住Ctrl键，移动到另一边合适的位置，按右键即可完成镜像）（图5-8~图5-9）。

步骤3——绘制细节：选择钢笔工具▣绘制后腰口线、门襟线、口袋、褶皱线，点击形状工具▣调整线条造型；选择椭圆工具▣，按住Ctrl绘制纽扣。

步骤4——绘制纽扣、填色：点击菜单栏中的工具选项，弹出选项对话框，点击对话框工作区中的常规，右侧勾选填充开放式曲线，这样未封闭式图形也可以填色。点击挑选工具▣框选所有部位，单击调色板上的相应颜色进行填色（图5-10）。

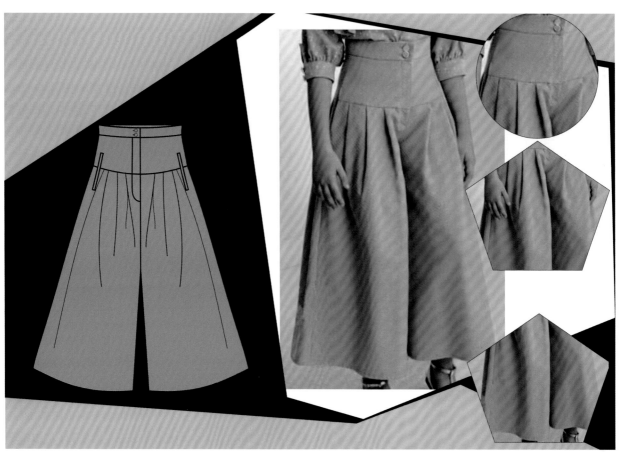

图 5-7

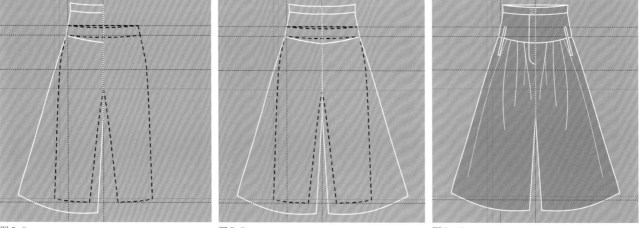

图 5-8                    图 5-9                    图 5-10

图 5-11

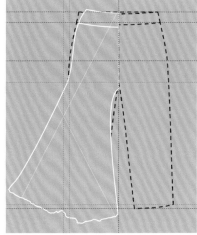

图 5-12

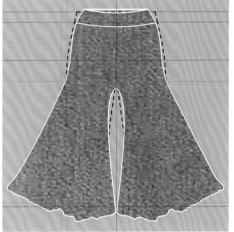

图 5-13

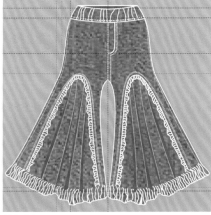

图 5-14

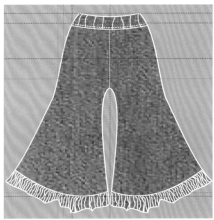

图 5-15

☆童装裤子裤型（喇叭裤）拓展设计绘制步骤（图5-11）：

步骤1——绘制轮廓、镜像：将绘制好的基型外轮廓设置为黑色虚线，虚线粗细为3.0mm；在基型的基础上绘制此款，选择钢笔工具，将轮廓设置为白色实线，线条粗细为3.0mm，绘制裤子左边基本轮廓，选择形状工具调整所期望的曲线形状，完成左边裤子轮廓的绘制。点击挑选工具选择左边轮廓，按Ctrl+C复制再按Ctrl+V粘贴，然后点击交互式属性栏中的水平镜像进行镜像操作，并将其移动到合适的位置（快捷方法：挑选衣服轮廓，按住Ctrl键，移动到另一边合适的位置，按右键即可完成镜像）。框选所有轮廓线，在属性栏中选择焊接，将左右裤片连接为一个整体。

步骤2——填色：导入一幅牛仔裤图片，选择工作栏上对象 对象(C) 中的

| PowerClip(W) | ▶ | 置于图文框内部(P)... |

按钮，点击画好的裤子轮廓，将图片牛仔裤面料填充至裤子中；再点击对象选择工作栏上对象 对象(C) 中的

| PowerClip(W) | ▶ | 置于图文框内部(P)... |

按钮，调整填色部位。选择钢笔工具绘制后腰口线，将后腰口绘制成封闭图形，用同样方式填充图案（图5-12~图5-13）。

步骤3——绘制细节：选择钢笔工具绘制分割线、裆缝线及各部位的明线，选择手绘工具在属性栏上设置平滑度，绘制花边、腰头松紧褶皱线、脚口须边（图5-14~图5-15）。

## 2.2 童装裤子设计元素：腰头造型

腰头造型包括橡筋腰头、装腰头、连腰头等（图5-16）。

☆童装裤子腰头造型（装腰头）拓展设计绘制步骤（图5-17）：

步骤1——绘制轮廓、镜像：将绘制好的基型外轮廓设置为黑色虚线，虚线粗细为3.0mm；在基型的基础上绘制此款，选择钢笔工具，将轮廓设置为白色实线，线条粗细为3.0mm，绘制裤子左边的基本轮廓，选择形状工具调整所期望的曲线形状，完成左边裤子轮廓的绘制。点击挑选工具选择左边轮廓，按Ctrl+C复制再按Ctrl+V粘贴，然后点击交互式属性栏中的水平镜像进行镜像操作，并将其移动到合适的位置（快捷方法：挑选衣服轮廓，按住Ctrl键，移动到另一边合适的位置，按右键即可完成镜像）（图5-18~图5-19）。

步骤2——绘制细节：手绘工具在属性栏上设置平滑度，绘制腰口花边及腰褶；选择钢笔工具画蝴蝶结，点击形状工具调整曲线（图5-20~图5-21）。

步骤3——填色：点击挑选工具将蝴蝶结移至裤子合适位置，单击调色板上的相应颜色进行填色（图5-22~图5-23）。

图5-16

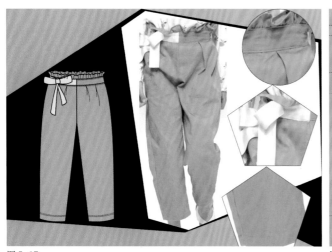

图5-17

图5-18

图5-19

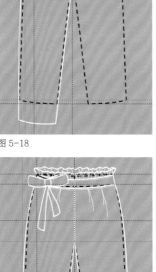

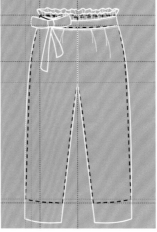

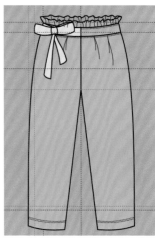

图5-20　　　　　图5-21　　　　　图5-22　　　　　图5-23

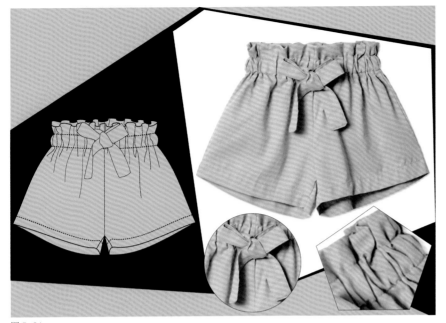

图 5-24

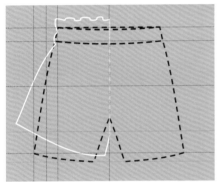

图 5-25

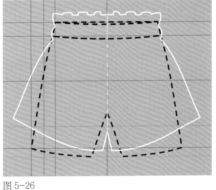

图 5-26

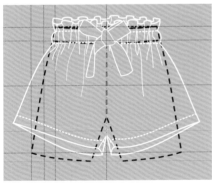

图 5-27

图 5-28

☆童装裤子腰头造型（橡筋连腰头）拓展设计绘制步骤（图5-24）：

步骤1——绘制轮廓、镜像：将绘制好的基型外轮廓设置为黑色虚线，虚线粗细为3.0mm；在基型的基础上绘制此款，选择钢笔工具，将轮廓设置为白色实线，线条粗细为3.0mm，绘制裤子左边基本轮廓，选择形状工具调整所期望的曲线形状，完成左边裤子轮廓的绘制。点击挑选工具选择左边轮廓，按Ctrl+C复制再按Ctrl+V粘贴，然后点击交互式属性栏中的水平镜像进行镜像操作，并将其移动到合适的位置（快捷方法：挑选衣服轮廓，按住Ctrl键，移动到另一边合适的位置，按右键即可完成镜像）（图5-25~图5-26）。

步骤2——绘制细节：利用手绘工具在属性栏上设置平滑度，绘制腰口橡筋褶皱；选择钢笔工具画蝴蝶结和明线，点击形状工具调整所期望的曲线形状。

步骤3——填色：点击挑选工具，单击调色板上的相应颜色进行填色（图5-27~图5-28）。

## 2.3 童装裤子设计元素：口袋造型

口袋造型有插袋、挖袋、贴袋等（图5-29）。

图 5-29

☆童装裤子口袋造型（插袋和贴袋）拓展设计绘制步骤（图5-30）：

步骤1——绘制轮廓、镜像：将绘制好的基型外轮廓设置为黑色虚线，虚线粗细为3.0mm；在基型的基础上绘制此款，选择钢笔工具，将轮廓设置为白色实线，线条粗细为3.0mm，绘制裤子左边基本轮廓，选择形状工具调整所期望的曲线形状，完成左边裤子轮廓的绘制。

点击挑选工具选择左边轮廓，按Ctrl+C复制再按Ctrl+V粘贴，然后点击交互式属性栏中的水平镜像进行镜像操作，并将其移动到合适的位置（快捷方法：挑选衣服轮廓，按住Ctrl键，移动到另一边合适的位置，按右键即可完成镜像）（图5-31~图5-32）。

步骤2——画细节及腰口罗纹：选择钢笔工具绘制门襟、口袋、分割线及明线，选择形状工具调整所期望的曲线形状。选择手绘工具在左右各绘制一条线。选择调和工具点选左边线，按着鼠标拉到右边线，在此框中输入调和值完成。选择工作栏中对象 对象(C) 中的 PowerClip(W) ▶ 置于图文框内部(P) 按钮选择调和好的对象，点击腰头完成腰口罗纹的绘制。后片在前片的基础上进行修改，选择椭圆工具并按住Ctrl绘制纽扣（图5-33~图5-34）。

步骤3——填色：在菜单栏上点击窗口—泊坞窗—颜色，将颜色泊坞窗调出并放置右侧，点击挑选工具选择相应颜色进行填充（图5-35~图5-36）。

图5-30

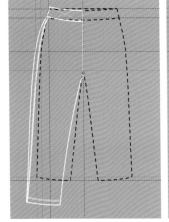

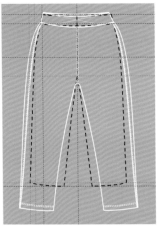
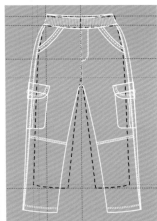

图5-31　　　　　图5-32　　　　　图5-33

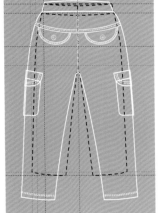
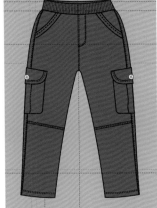
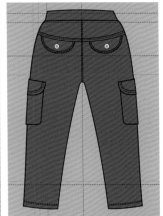

图5-34　　　　　图5-35　　　　　图5-36

## 2.4 童装裤子设计元素：装饰形式

装饰形式包括绣花、织带、印花、滚边、蕾丝等（图5-37）。

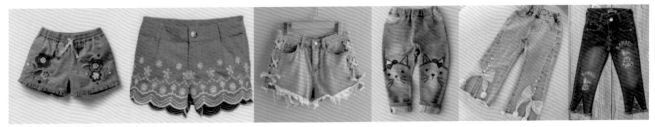

图5-37

☆童装裤子装饰形式（印花）拓展设计绘制步骤（图5-38）：

步骤1——绘制轮廓、镜像：将绘制好的基型外轮廓设置为黑色虚线，虚线粗细为3.0mm；在基型的基础上绘制此款，选择钢笔工具，将轮廓设置为白色实线，线条粗细为3.0mm，绘制裤子左边基本轮廓，选择形状工具调整所期望的曲线形状，完成左边裤子轮廓的绘制。点击挑选工具选择左边轮廓，按Ctrl+C复制再按Ctrl+V粘贴，然后点击交互式属性栏中的水平镜像进行镜像操作，并将其移动到合适的位置（快捷方法：挑选衣服轮廓，按住Ctrl键，移动到另一边合适的位置，按右键即可完成镜像）。框选左右裤片，在属性栏中点击焊接，完成左右裤片焊接。

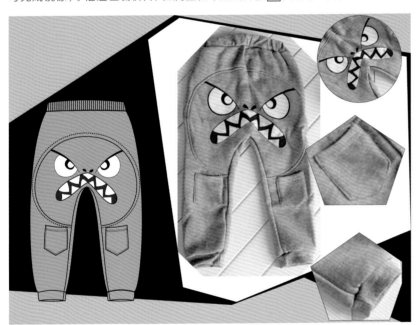

图5-38

选择手绘工具在左右各绘制一条线。选择调和工具点选左边线，按着鼠标拉到右边线，在此框中输入调和值完成。选择工作栏中对象中的 PowerClip(W) ▶ 置于图文框内部(P) 按钮选择调和好的对象，点击腰头完成腰口罗纹的绘制（图5-39~图5-40）。

步骤2——画细节、图案：选择钢笔工具绘制口袋、分割线、明线及图案，选择形状工具调整所期望的曲线形状（图5-41）。

步骤3——填色：在菜单栏上点击窗口—泊坞窗—颜色，将颜色泊坞窗调出并放置右侧，点击挑选工具选择相应颜色进行填充（图5-42）。

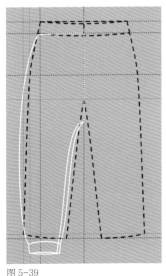

图5-39

图5-40

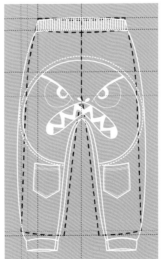

图5-41

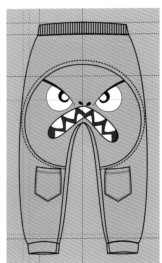

图5-42

103

# 任务3 童装裤子自由设计

## 3.1 童装印花连体裤款式绘制
（图 5-43 ~ 图 5-49）

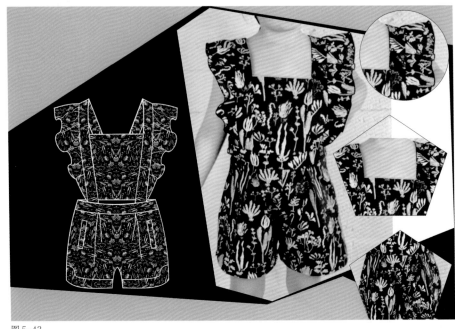

图 5-43

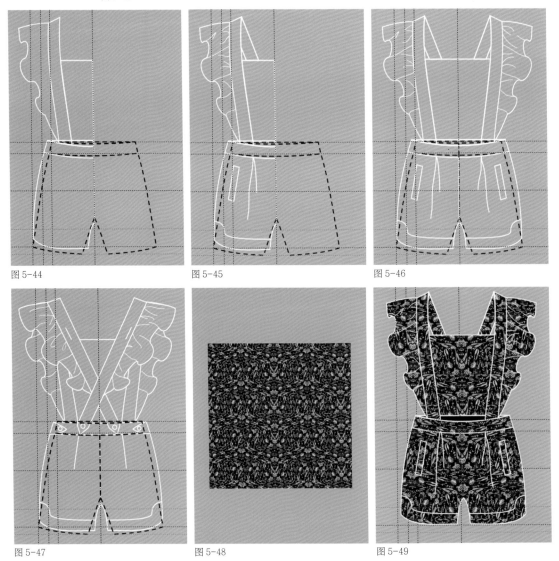

图 5-44

图 5-45

图 5-46

图 5-47

图 5-48

图 5-49

## 3.2 童装背带短裤款式绘制（图 5-50 ～图 5-56）

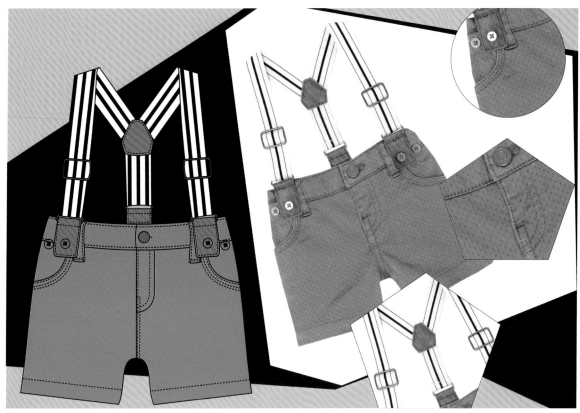

图 5-50

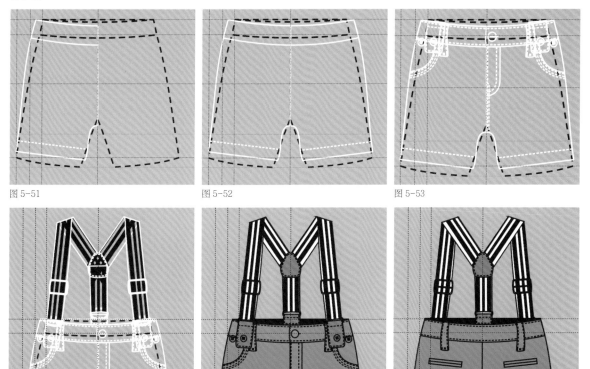

图 5-51　　　　　　　　　　图 5-52　　　　　　　　　　图 5-53

图 5-54　　　　　　　　　　图 5-55　　　　　　　　　　图 5-56

## 3.3 迷彩童装斜门襟七分裤款式绘制（图 5-57 ～ 图 5-62）

图 5-57

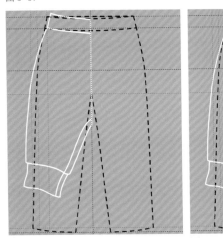

图 5-58　　　　　　　图 5-59

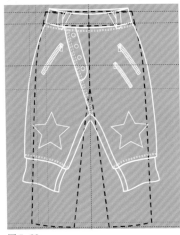

图 5-60

图 5-61

图 5-62

## 3.4 童装拼布撞色装饰长裤款式绘制
（图 5–63 ~ 图 5–67）

图 5-63

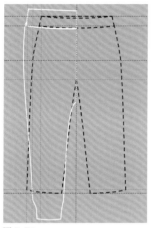

图 5-64

图 5-65

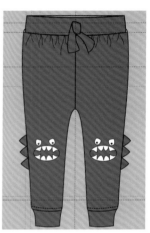

图 5-66

图 5-67

## 3.5 童装羊腿裤款式绘制
（图 5–68 ~ 图 5–72）

图 5-68

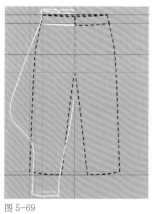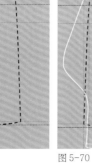

图 5-69

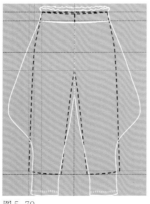

图 5-70

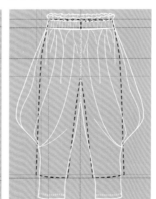

图 5-71

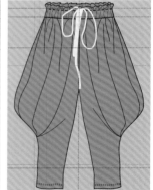

图 5-72

107

## 3.6 童装七分罗纹腰头裤款式绘制
（图 5-73 ~ 图 5-77）

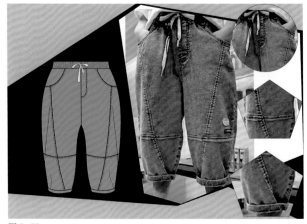

图 5-73

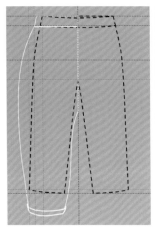

图 5-74

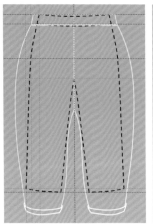

图 5-75

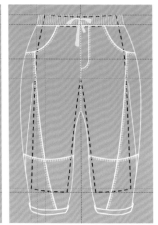

图 5-76

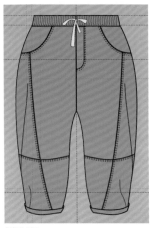

图 5-77

## 3.7 立体口袋工装中裤款式绘制
（图 5-78 ~ 图 5-82）

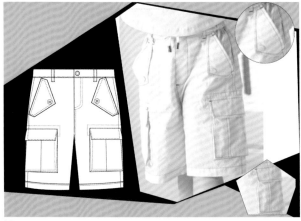

图 5-78

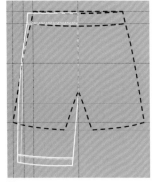

图 5-79

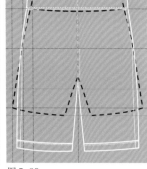

图 5-80

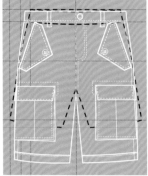

图 5-81

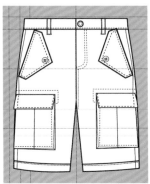

图 5-82

## 3.8 童装格子面料荷叶边装饰短裤款式绘制（图 5-83 ~ 图 5-89 ）

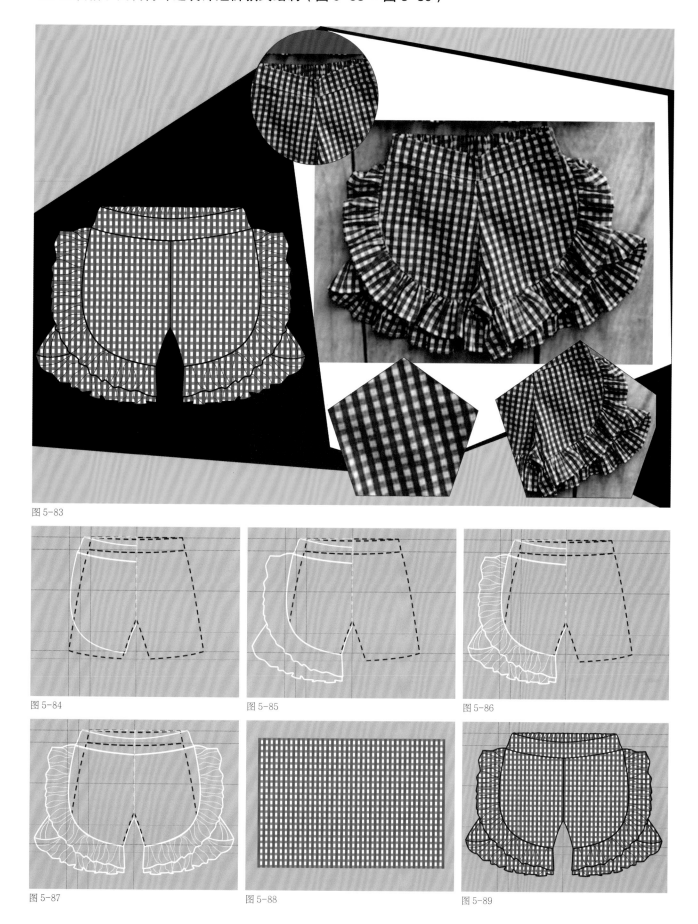

图 5-83

图 5-84

图 5-85

图 5-86

图 5-87

图 5-88

图 5-89

## 3.9 童装喇叭牛仔裤款式绘制（图 5-90 ～图 5-95）

图 5-90

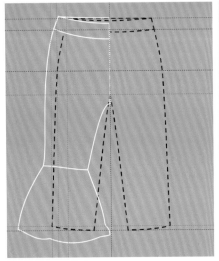

图 5-91

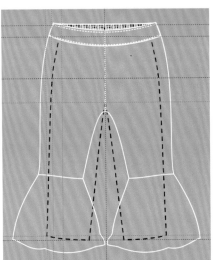

图 5-92

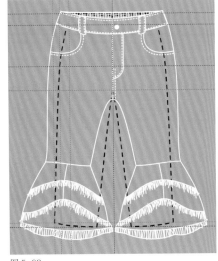

图 5-93

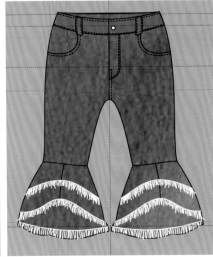

图 5-94

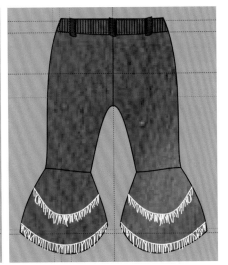

图 5-95

### 3.10 童装 H 形插袋短裤款式绘制（图 5-96 ~ 图 5-100）

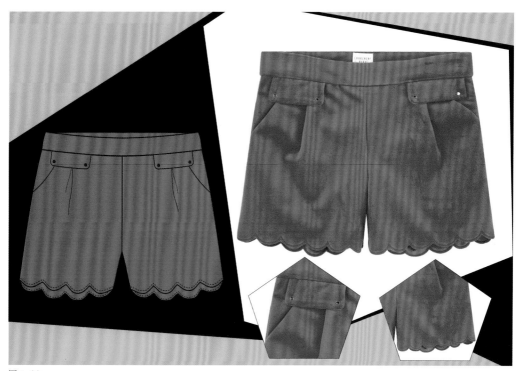

图 5-96

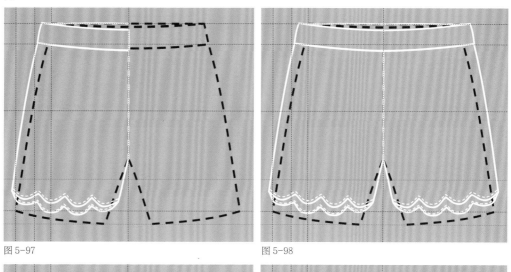

图 5-97

图 5-98

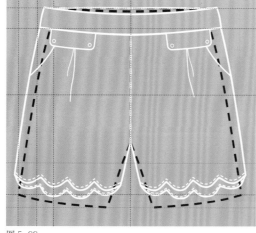

图 5-99

图 5-100

# 任务4  童装裤子课后练习（图5-101～图5-103）

图 5-101

图 5-102

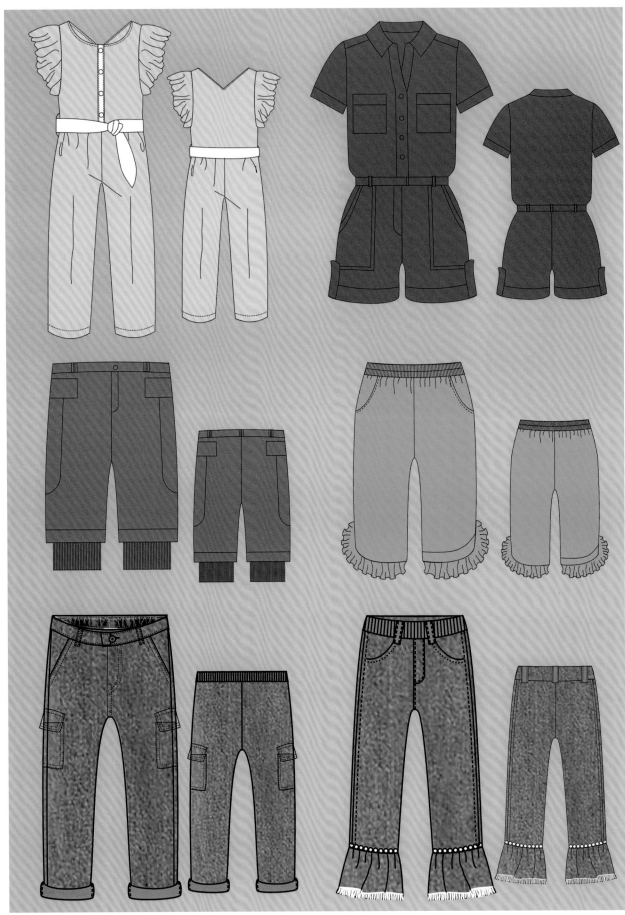

图 5-103

# 项目六　童装连衣裙款式绘制

图 6-1

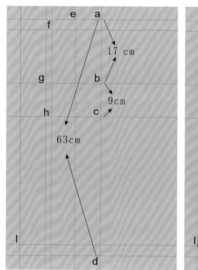

图 6-2

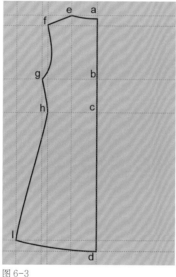

图 6-3

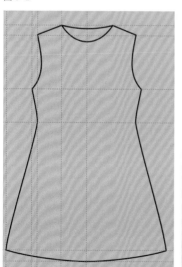

图 6-4

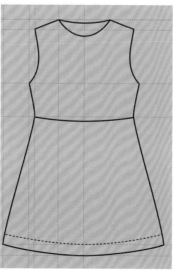

图 6-5

## 任务1　童装连衣裙基型绘制

### 1.1 童装连衣裙——款式特点

连衣裙又名连衫裙，是由上衣和各类裙子相连而成的连体衣服样式。款式种类有长袖、短袖、中袖、无袖、有领、无领、合体、宽松等（图6-1）。

### 1.2 童装连衣裙——基型绘制步骤

步骤1——新建文件、设置图纸标尺及绘图比例（如第一章所设置）。

步骤2——水平辅助线设置：以a点为前中心点（坐标原点），a—c的距离为后背长，a—d的距离为后中长，f—g的距离为袖窿深。

垂直辅助线设置：a—e的距离为半横领宽，e—f的距离为小肩宽，b—g的距离为1/4胸围大，c—h为1/4腰围大，d—l为1/4下摆宽。

步骤3——绘制外轮廓：选择钢笔工具 🖋，设置好线条粗细为3.0mm，按顺序分别点击a、e、f、g、h、l、d、a点绘制出外框基本轮廓。选择形状工具 🔧 框选所画折线，在属性栏中点击转换成曲线 🔧 调整所期望的曲线形状，完成左半部分款式的绘制（图6-2~图6-3）。

步骤4——镜像：点击挑选工具 🔧 选择要复制的部分，按Ctrl+C复制再按Ctrl+V粘贴，点击交互式属性栏中的水平镜像 🔧 进行镜像操作，并将其移动到合适的位置（快捷方法：挑选衣服轮廓，按住Ctrl键，移动到另一边合适位置，按右键即可完成镜像）。选择椭圆工具 ⬭ 并按住Ctrl画纽扣。选择钢笔工具 🖋 画后腰口线、底摆明线，完成连衣裙基型的绘制（图6-4~图6-5）。

# 任务2　童装连衣裙拓展设计

## 2.1 童装连衣裙设计元素：廓形

根据廓形可分为A形、X形、H形、O形、T形等（图6-6）。

图6-6

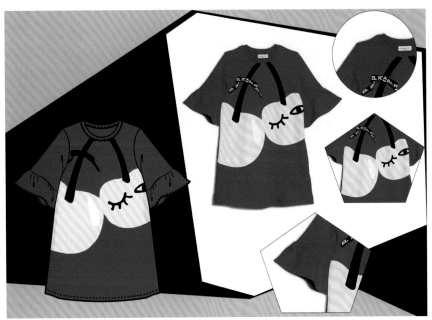

图6-7

图6-8

图6-9

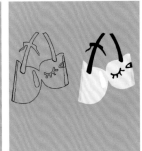

图6-10

图6-11

图6-12

☆童装连衣裙廓形（A形）拓展设计绘制步骤（图6-7）：

步骤1——绘制轮廓：将绘制好的基型外轮廓设置为黑色虚线，虚线粗细为3.0mm；在基型的基础上绘制此款，选择钢笔工具，将轮廓设置为白色实线，线条粗细为3.0mm，绘制连衣裙左边基本轮廓，选择形状工具调整所期望的曲线形状，完成左边连衣裙轮廓的绘制。

步骤2——镜像、绘制细节：点击挑选工具选择要复制的部分，按Ctrl+C复制再按Ctrl+V粘贴，然后点击交互式属性栏中的水平镜像进行镜像操作，并将其移动到合适的位置（快捷方法：挑选衣服轮廓，按住Ctrl键，移动到另一边合适的位置，按右键即可完成镜像）。框选左右衣片，在属性栏中点击焊接，完成左右衣片的连接；在前片的基础上复制，修改完成后片绘制。点击艺术笔工具，在属性栏上设置数值，将袖子处的褶皱画成上细下粗的线条，点击形状工具调整所期望的曲线形状（图6-8~图6-9）。

步骤3——绘制图案：选择钢笔工具，绘制图案，并在调色板上选取相应颜色进行填色（图6-10）。

步骤4——填色：点击挑选工具，将填好色的图案移至连衣裙的合适位置，再选择需要填色的部位，单击调色板上的相应颜色进行填色（图6-11~图6-12）。

☆童装连衣裙廓形（X形）拓展设计绘制步骤（图6-13）：

步骤1——绘制轮廓、镜像：将绘制好的基型外轮廓设置为黑色虚线，虚线粗细为3.0mm；在基型的基础上绘制此款，选择钢笔工具，将轮廓设置为白色实线，线条粗细为3.0mm，绘制连衣裙左边基本轮廓，选择形状工具调整所期望的曲线形状，完成连衣裙轮廓、腰线、领口、袖窿滚边线及明线的绘制（图6-14~图6-15）。

图6-13

步骤2——画裙摆、蝴蝶结：选择矩形工具拉出一个矩形，然后单击转换为曲线图标，利用形状工具在合适的位置双击添加节点并调整所期望的曲线形状。复制前片，在前片的基础上调整成后片造型（图6-16~图6-17）。

步骤3——填充透视颜色、绘制后片：选择填充工具 ▦ 均匀填充... Shift+F11 填充颜色。选择透明工具绘制透视效果，标准 正常 ⊢─┼─ 50 在属性栏上填写数值，每层数值不一样，根据需要调整（图6-18~图6-19）。

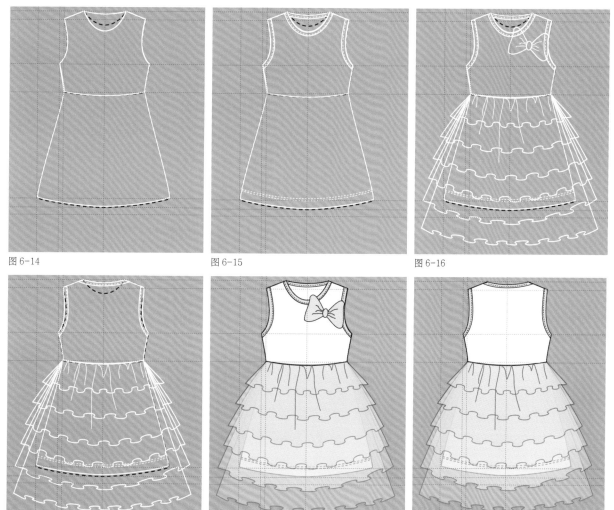

图6-14　　　　　　图6-15　　　　　　图6-16

图6-17　　　　　　图6-18　　　　　　图6-19

117

## 2.2 童装连衣裙设计元素：领型

领型有无领、翻领、平领、连立领、海军领、荷叶领等（图6-20）。

图6-20

☆童装连衣裙领型（荷叶领）拓展设计绘制步骤（图6-21）：

步骤1——绘制轮廓、镜像：将绘制好的基型外轮廓设置为黑色虚线，虚线粗细为3.0mm；在基型的基础上绘制此款，选择钢笔工具 ，将轮廓设置为白色实线，线条粗细为3.0mm，绘制连衣裙左边基本轮廓，选择形状工具 调整所期望的曲线形状，完成左边连衣裙轮廓的绘制。点击挑选工具 选择要复制的部分，按Ctrl+C复制再按Ctrl+V粘贴，点击交互式属性栏中的水平镜像 进行镜像操作，并将其移动到合适的位置（快捷方法：挑选衣服轮廓，按住Ctrl键，移动到另一边合适的位置，按右键即可完成镜像）。框选所有轮廓线，在属性栏中选择焊接 将左右裙片连接为一个整体（图6-22~图6-23）。

步骤2——画裙摆、荷叶边：选择钢笔工具 画出领口以下三层波浪，选择形状工具 调整所期望的曲线形状；点击艺术笔工具 ，在属性栏上设置数值  将线条形状按上细下粗画出三层波浪；设置 参数画下摆形成的衣纹线，线条形状为两端细、中间粗，点击形状工具 调整所期望的曲线形状（图6-24~图6-25）。

步骤3——填色：点击挑选工具 框选所有对象，单击调色板上的相应颜色进行填色（图6-26~图6-27）。

图6-21

图6-22

图6-23

图6-24

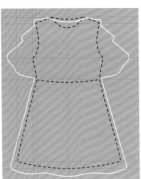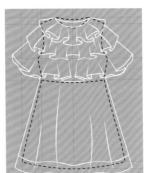

图6-25

图6-26

图6-27

☆童装连衣裙领型（平领）拓展设计绘制步骤（图6-28）：

步骤1——绘制轮廓、镜像：将绘制好的基型外轮廓设置为黑色虚线，虚线粗细为3.0mm；在基型的基础上绘制此款，选择钢笔工具 🖊，将轮廓设置为白色实线，线条粗细为3.0mm，绘制连衣裙左边基本轮廓，选择形状工具 🖊 调整所期望的曲线形状，完成左边连衣裙轮廓的绘制。点击挑选工具 ➤ 选择要复制的部分，按Ctrl+C复制再按Ctrl+V粘贴，然后点击交互式属性栏中的水平镜像 🔳 进行镜像操作，并将其移动到合适的位置（快捷方法：挑选衣服轮廓，按住Ctrl键，移动到另一边合适的位置，按右键即可完成镜像）。框选所有轮廓线，在属性栏中选择焊接 🔳，将左右裙片连接为一个整体（图6-29~图6-30）。

步骤2——绘制细节：点击艺术笔工具 🖊，在属性栏上设置数值 [∿ ⌄][⌃ 100 ＋][■ .0762 cm ⌄]，画腰口处的褶皱线，线条形状为上粗下细，点击形状工具 🖊 调整所期望的曲线形状。选择椭圆工具 ◯ 并按住Ctrl绘制纽扣。选择手绘工具 ✎ 绘制直线，然后

利用形状工具 🖊 调整所期望的曲线形状。选择变形工具 🖐 在属性栏中选择拉链变形和平滑变形 [⊕ ⊗ ⊞ ⊕ ~23 ⌄ ⌃20 ⌄ 🔳 🔳 🔳 🔳]，并设置好拉链振幅和拉链频率，绘制出底摆装饰线（图6-31~图6-32）。

步骤3——绘制细节：点击手绘工具 ✎ 在左右各绘制一条垂线并设置好线条颜色。选择调和工具 🖐 点选左边线，按着鼠标拉至右边线，在框中 [54 5.0 cm] 输入调和值，绘制好条纹图案。选择钢笔工具 🖊 绘制樱桃图案并填色。

步骤4——填色：选择挑选工具 ➤ 点击条纹图案，点击工作栏上对象 [对象(C)] 中的 [PowerClip(W) ▸][🔳 置于图文框内部(P)...]，点击上半身，完成裙子上半身条纹的填充；下半身裙子条纹填充方法与上半身相同。点击挑选工具 ➤ 单击装饰线，鼠标右键在调色板上点击相应颜色进行填色；后片填色方式与前片相同（图6-33~图6-35）。

图6-28

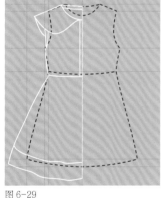

图6-29

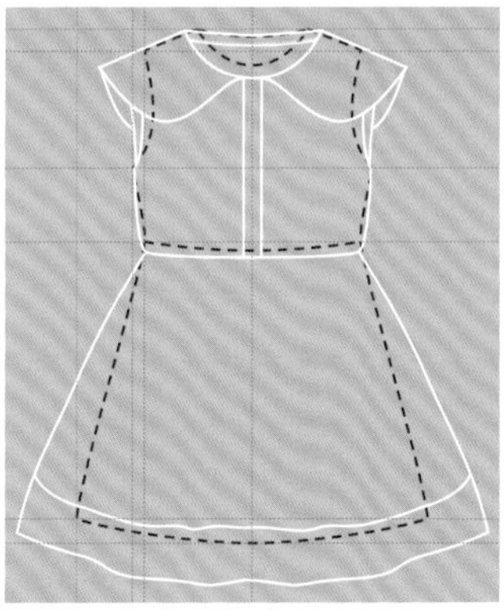

图6-30

图6-31

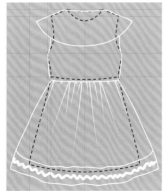

图6-32

图6-33

图6-34

图6-35

## 2.3 童装连衣裙设计元素：装饰形式

装饰元素包括印花、织带、刺绣、镂空、蕾丝、滚边、拼色、贴布绣等（图6-36）。

图 6-36

☆童装连衣裙装饰（印花）拓展设计绘制步骤（图6-37）：

步骤1——绘制轮廓、镜像：将绘制好的基型外轮廓设置为黑色虚线，虚线粗细为3.0mm；在基型的基础上绘制此款，选择钢笔工具 🖊，将轮廓设置为白色实线，线条粗细为3.0mm，绘制连衣裙左边基本轮廓，选择形状工具 ↖调整所期望的曲线形状，完成左边连衣裙轮廓的绘制。点击挑选工具 ↖选择要复制的部分，按Ctrl+C复制再按Ctrl+V粘贴，然后点击交互式属性栏中的水平镜像 ⬚进行镜像操作，并将其移动到合适的位置（快捷方法：挑选衣服轮廓，按住Ctrl键，移动到另一边合适的位置，按右键即可完成镜像）。框选所有轮廓线，在属性栏中选择焊接 ⬚，将左右裙片连接为一个整体（图6-38~图6-39）。

步骤2——画细节：点击艺术笔工具 🖌，在属性栏上设置数值 〔━━ ▾ ᰥ 100 ＋ ● .0762 cm〕，画裙摆和袖口处的褶皱线，线条形状为上粗下细，点击形状工具 ↖调整所期望的曲线形状。选择钢笔工具 🖊画明线，选择形状工具 ↖调整所期望的曲线形状。将前片复制，然后进行修改，得到后片（图6-40~图6-41）。

步骤3——画图案、填色：导入格子面料图案，选择钢笔工具 🖊 绘制矩形，点击挑选工具 ↖选择工作栏上对象〔对象(C)〕中的〔PowerClip(W) ▸ ⬚置于图文框内部(P)〕，将面料图案填充在矩形中。选择椭圆工具 ⭕并按住Ctrl画小熊头、眼睛、鼻子等，选择钢笔工具 🖊绘制耳朵、眼球等，选择形状工具 ↖调整所期望的曲线形状。在菜单栏上点击窗口—泊坞窗—颜色，将颜色泊坞窗调出并放置右侧，点击挑选工具 ↖并选择相应颜色，填充图案和衣服对应部位的颜色（图6-42~图6-44）。

图 6-37

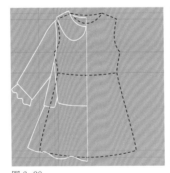

图 6-38

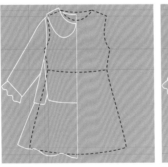

图 6-39

图 6-40

图 6-41

图 6-42

图 6-43

图 6-44

☆童装连衣裙装饰（装饰带）拓展设计绘制步骤（图6-45）：

步骤1——绘制轮廓、镜像：将绘制好的基型外轮廓设置为黑色虚线，虚线粗细为3.0mm；在基型的基础上绘制此款，选择钢笔工具 🖊️，将轮廓设置为白色实线，线条粗细为3.0mm，绘制连衣裙左边基本轮廓，选择形状工具 ✒️ 调整所期望的曲线形状，完成左边连衣裙轮廓的绘制。点击挑选工具 🔲 选择要复制的部分，按Ctrl+C复制再按Ctrl+V粘贴，然后点击交互式属性栏中的水平镜像 ⬛ 进行镜像操作，并将其移动到合适的位置（快捷方法：挑选衣服轮廓，按住Ctrl键，移动到另一边合适的位置，按右键即可完成镜像）。框选所有轮廓线，在属性栏中选择焊接 ⬛，将左右裙片连接为一个整体（图6-46~图6-47）。

步骤2——画细节：选择钢笔工具 🖊️ 绘制衣领、腰节线、袖窿滚边、裙摆衣纹等，选择形状工具 ✒️ 调整所期望的曲线形状。

步骤3——绘制装饰线：选择手绘工具 🖊️ 画一条弧线，利用形状工具 ✒️ 调整所期望的曲线形状。选择变形工具 🔄 在属性栏上 ⬛⬛⬛⬛⬛⬛⬛ 调整好数值，绘制衣领和裙摆装饰线（图6-48~图6-49）。

步骤4——填色：在菜单栏上点击窗口—泊坞窗—颜色，将颜色泊坞窗调出并放置右侧，点击挑选工具 🔲 并选择相应颜色进行填充（图6-50~图6-51）。

图6-45

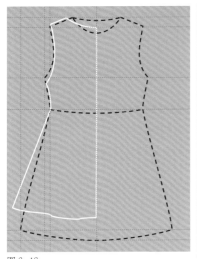

图6-46

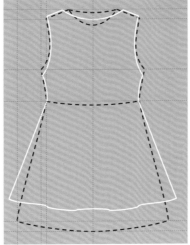

图6-47

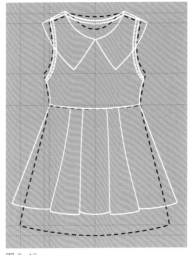

图6-48

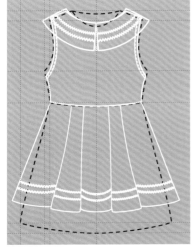

图6-49

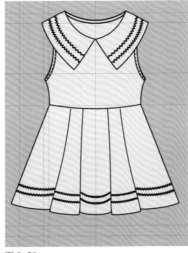

图6-50

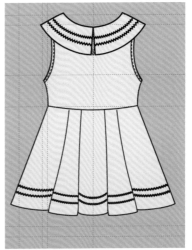

图6-51

## 2.4 童装连衣裙设计元素：风格造型

根据风格造型可分为休闲风、公主风、学院风、运动风等（图6-52）。

图 6-52

☆童装连衣裙风格（公主风）拓展设计绘制步骤（图6-53）：

步骤1——绘制轮廓、镜像：将绘制好的基型外轮廓设置为黑色虚线，虚线粗细为3.0mm；在基型的基础上绘制此款，选择钢笔工具，将轮廓设置为白色实线，线条粗细为3.0mm，绘制连衣裙左边基本轮廓，选择形状工具调整所期望的曲线形状，完成左边连衣裙轮廓的绘制。点击挑选工具选择要复制的部分，按Ctrl+C复制再按Ctrl+V粘贴，然后点击交互式属性栏中的水平镜像进行镜像操作，并将其移动到合适的位置（快捷方法：挑选衣服轮廓，按住Ctrl键，移动到另一边合适的位置，按右键即可完成镜像）。框选左右裙片，在属性栏中点击焊接，完成左右裙片的连接（图6-54~图6-55）。

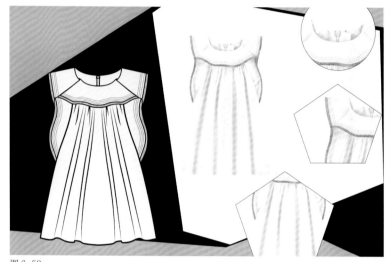

图 6-53

步骤2——画细节：选择钢笔工具绘制前胸、袖子装饰条和拉链，选择形状工具调整所期望的曲线形状。设置

参数，画裙子衣纹线，线条形状为两端细、中间粗，点击形状工具调整所期望的曲线形状（图6-56~图6-57）。

步骤3——填色：在菜单栏上点击窗口—泊坞窗—颜色，将颜色泊坞窗调出并放置右侧，点击挑选工具并选择相应颜色进行填充（图6-58~图6-59）。

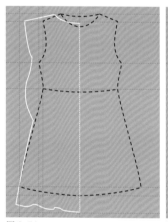

图 6-54

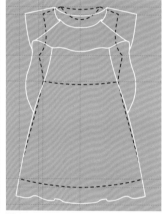

图 6-55

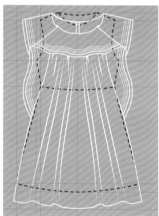

图 6-56

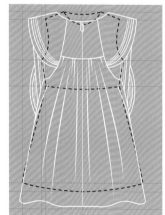

图 6-57

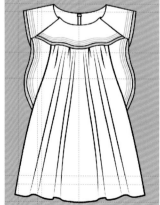

图 6-58

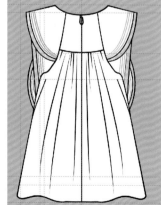

图 6-59

122

☆童装连衣裙风格（学院风）拓展设计绘制步骤（图6-60）：

步骤1——绘制轮廓、镜像：将绘制好的基型外轮廓设置为黑色虚线，虚线粗细为3.0mm；在基型的基础上绘制此款，选择钢笔工具，将轮廓设置为白色实线，线条粗细为3.0mm，绘制连衣裙左边基本轮廓，选择形状工具调整所期望的曲线形状，完成左边连衣裙轮廓的绘制。点击挑选工具选择要复制的部分，按Ctrl+C复制再按Ctrl+V粘贴，然后点击交互式属性栏中的水平镜像进行镜像操作，并将其移动到合适的位置（快捷方法：挑选衣服轮廓，按住Ctrl键，移动到另一边合适的位置，按右键即可完成镜像）。框选左右裙片，在属性栏中点击焊接，完成左右裙片的连接（图6-61~图6-62）。

步骤2——画细节：选择钢笔工具绘制领子和裙子装饰线，选择形状工具调整所期望的曲线形状。在属性栏中设置，画蝴蝶结和裙摆形成的褶皱线，线条形状为两端细、中间粗，点击形状工具调整所期望的曲线形状（图6-63~图6-64）。

步骤3——填色：在菜单栏上点击窗口—泊坞窗—颜色，将颜色泊坞窗调出并放置右侧，点击挑选工具，选择相应颜色进行填充（图6-65~图6-66）。

图6-60

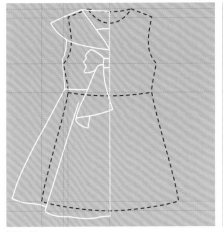

图6-61

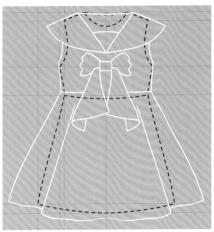

图6-62

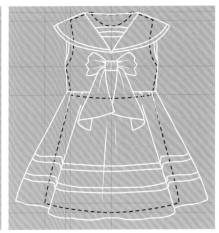

图6-63

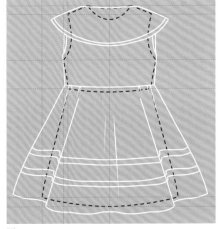

图6-64

图6-65

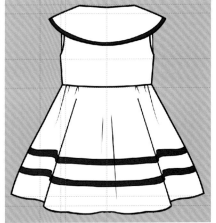

图6-66

# 任务3 童装连衣裙自由设计

## 3.1 蝴蝶结印花童装连衣裙款式绘制（图 6-67 ~ 图 6-73）

图 6-67

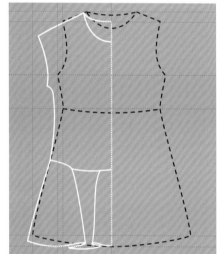

图 6-68

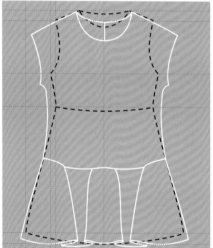

图 6-69

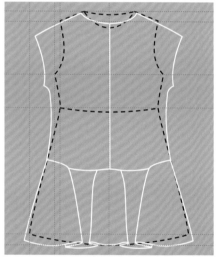

图 6-70

图 6-71

图 6-72

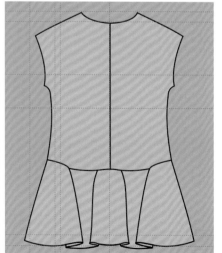

图 6-73

## 3.2 背心式 A 形童装连衣裙款式绘制（图 6-74 ~ 图 6-80）

图 6-74

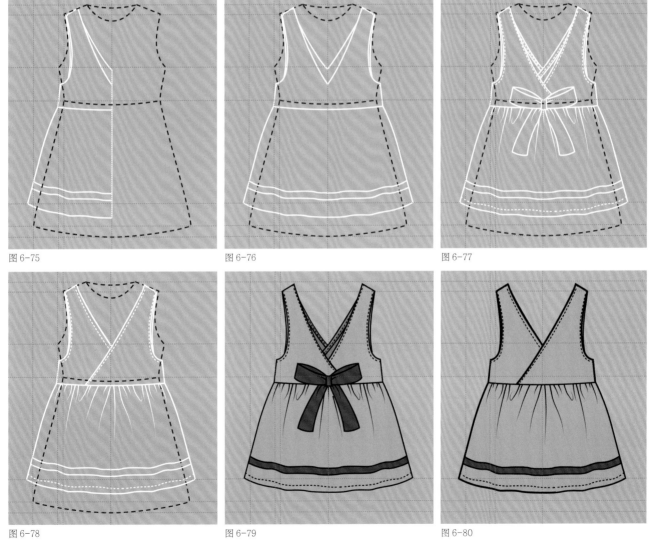

图 6-75

图 6-76

图 6-77

图 6-78

图 6-79

图 6-80

## 3.3 条纹背带童装连衣裙款式绘制（图 6-81 ~ 图 6-88）

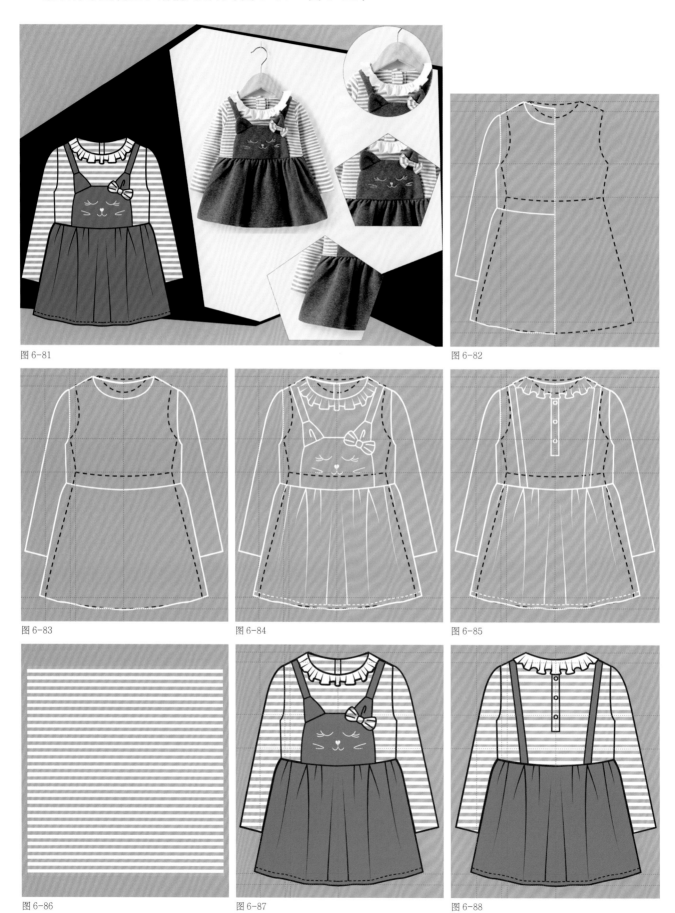

图 6-81

图 6-82

图 6-83

图 6-84

图 6-85

图 6-86

图 6-87

图 6-88

## 3.4 长袖假两件套童装连衣裙款式绘制（图 6-89 ~ 图 6-96）

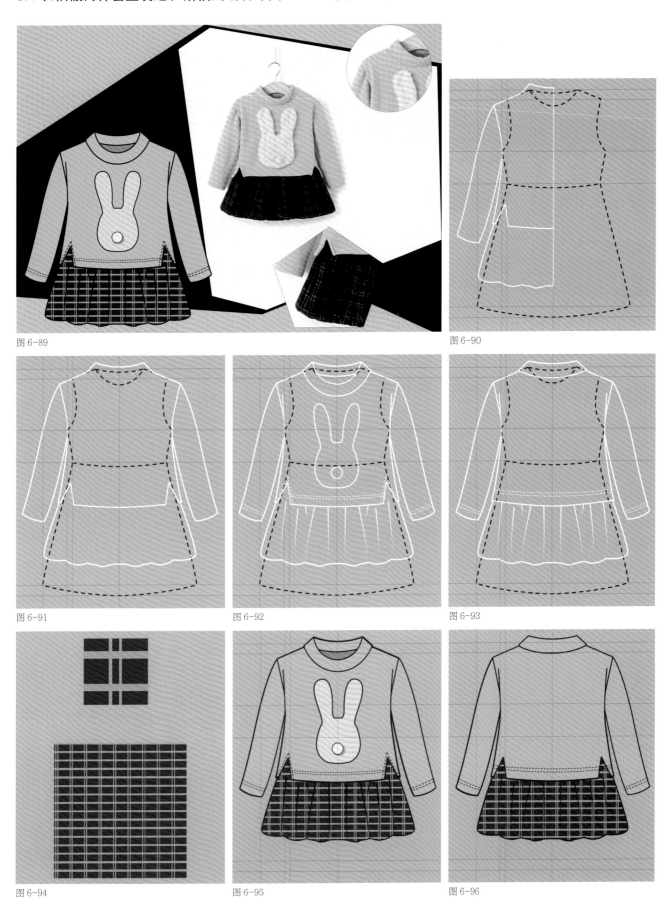

图 6-89

图 6-90

图 6-91

图 6-92

图 6-93

图 6-94

图 6-95

图 6-96

## 3.5 背带条纹假两件套童装连衣裙款式绘制（图6-97 ~ 图6-104）

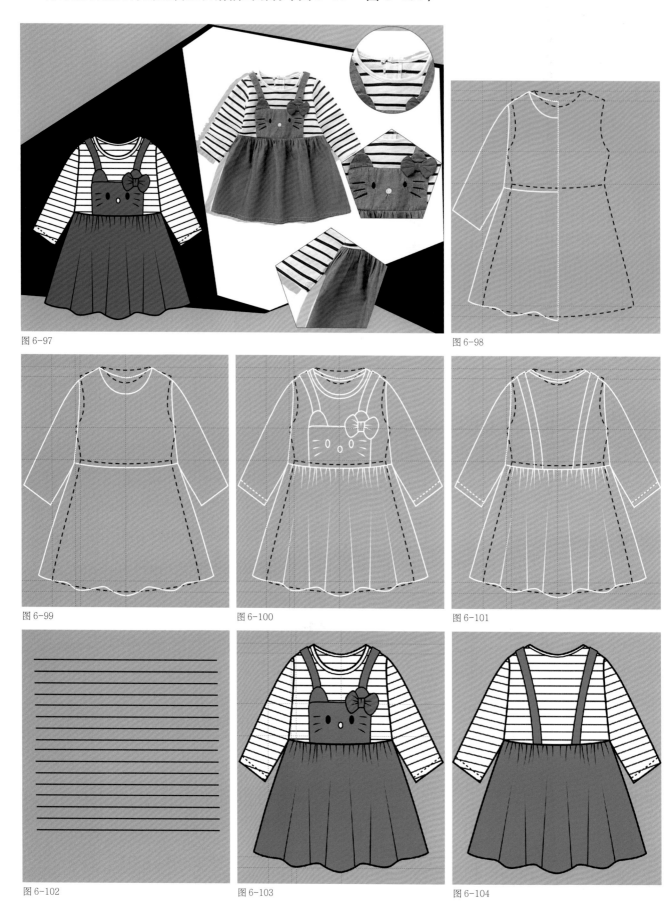

图6-97

图6-98

图6-99

图6-100

图6-101

图6-102

图6-103

图6-104

## 3.6 荷叶边装饰童装连衣裙款式绘制（图 6-105～图 6-111）

图 6-105

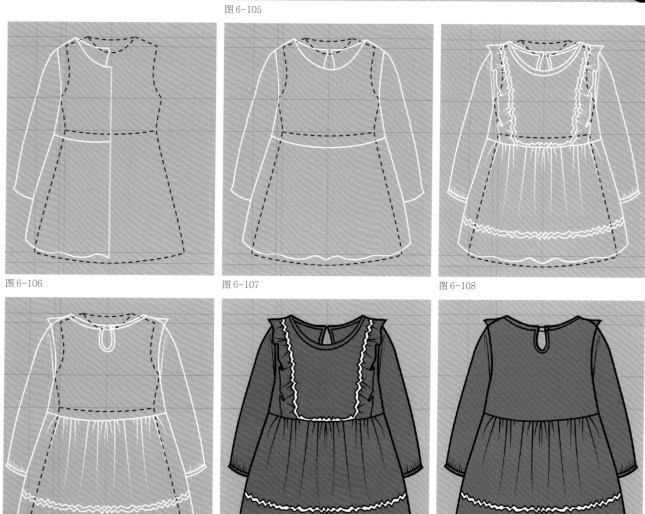

图 6-106

图 6-107

图 6-108

图 6-109

图 6-110

图 6-111

## 3.7 背带牛仔假两件套童装连衣裙款式绘制（图6-112～图6-119）

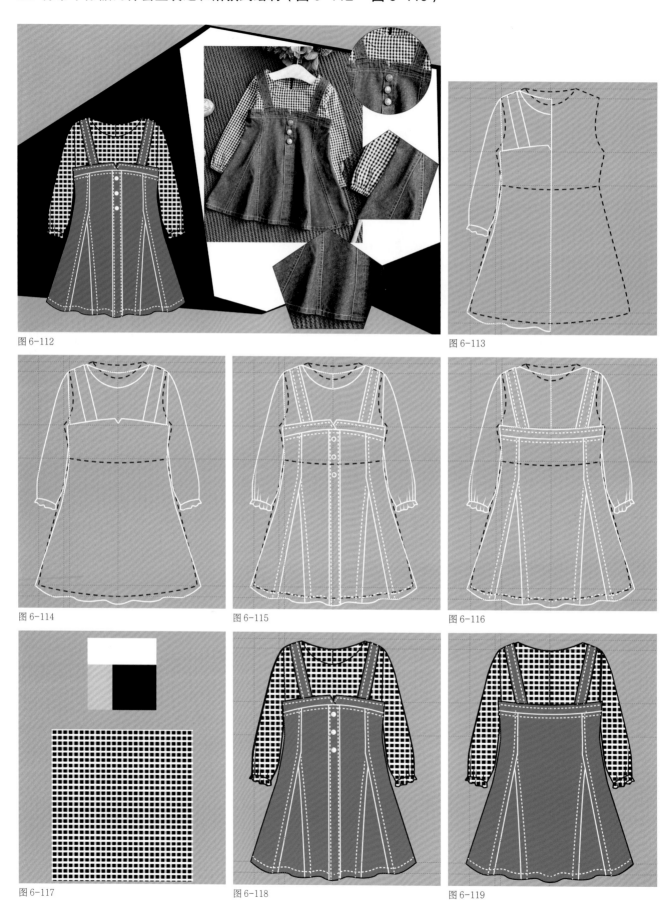

图6-112

图6-113

图6-114

图6-115

图6-116

图6-117

图6-118

图6-119

## 3.8 拼色假两件套童装连衣裙款式绘制（图 6-120 ~ 图 6-126）

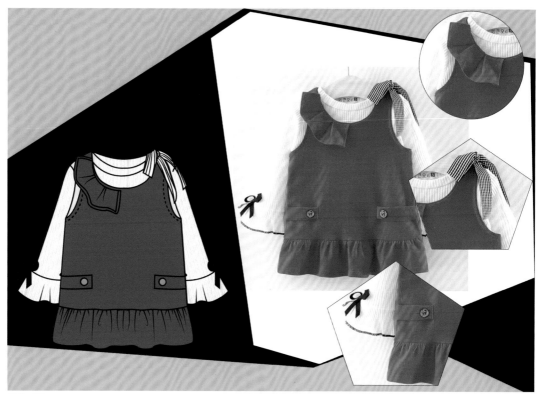

图 6-120

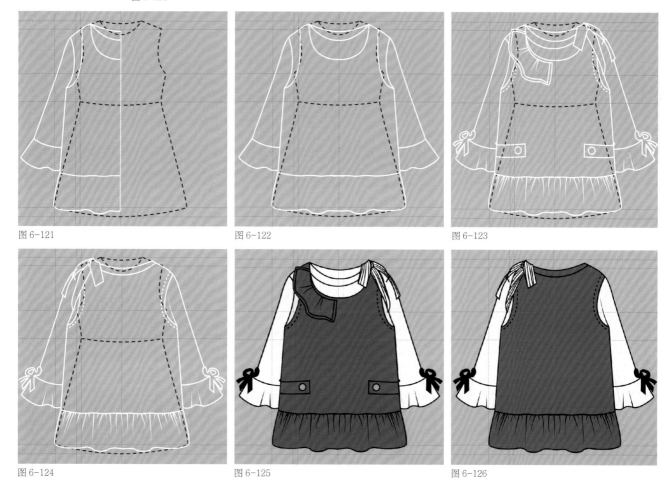

图 6-121

图 6-122

图 6-123

图 6-124

图 6-125

图 6-126

## 3.9 A 形蝴蝶结装饰童装连衣裙款式绘制（图 6-127 ~ 图 6-133）

图 6-127

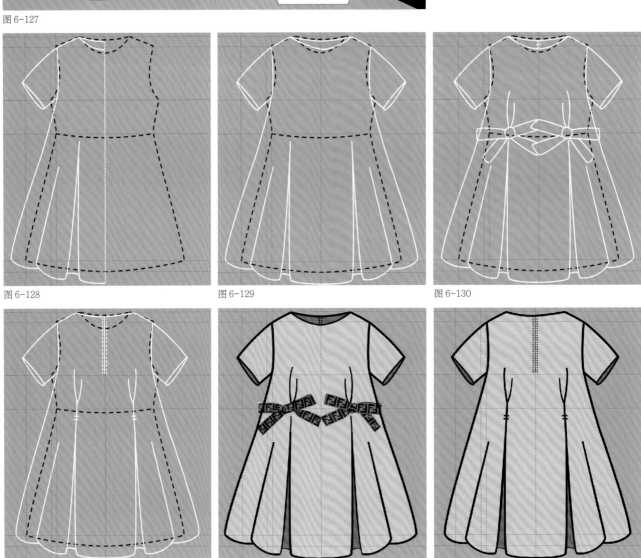

图 6-128

图 6-129

图 6-130

图 6-131

图 6-132

图 6-133

## 3.10 吊带格子童装连衣裙款式绘制（图 6-134 ~ 图 6-141）

图 6-134

图 6-135

图 6-136

图 6-137

图 6-138

图 6-139

图 6-140

图 6-141

## 3.11 休闲印花童装连衣裙款式绘制（图6-142 ~图6-149）

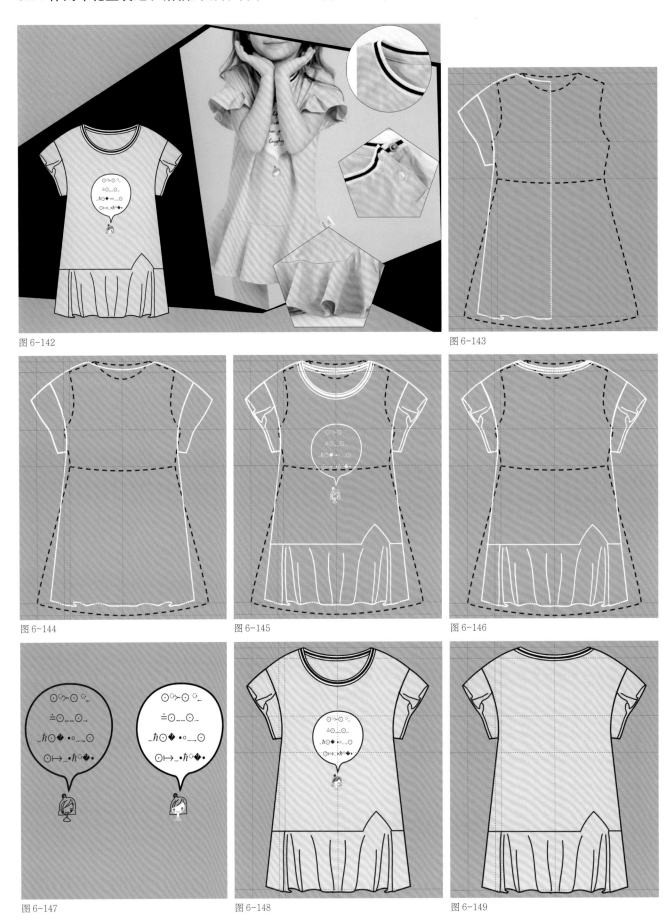

图6-142

图6-143

图6-144

图6-145

图6-146

图6-147

图6-148

图6-149

# 任务4　童装连衣裙课后练习（图6-150～图6-152）

图6-150

图 6-151

图 6-152

# 项目七 童装外套款式绘制

图 7-1

## 任务1 童装外套基型绘制

### 1.1 童装外套——款式特点

外套又称为外衣，是穿在最外面的服装。外套前中处有纽扣或者拉链以便穿着。款式种类多，有长袖、短袖、中袖、有领、无领、修腰、宽松等（图7-1）。

### 1.2 童装外套——基型绘制步骤

步骤1——新建文件，设置图纸标尺及绘图比例（如第一章所设置）。

步骤2——水平辅助线设置：以a点为前中心点（坐标原点），a—b的距离前领深，a—c的距离为腰节长，a—d的距离为衣长，f—l的距离为袖长。

垂直辅助线设置：a—e的距离为半横领宽，e—f的距离为小肩宽，c—g的距离为1/4腰围大；d—h的距离为1/4下摆宽。

步骤3——绘制外轮廓：选择钢笔工具 ✐，设置好线条粗细为3.0mm，按顺序分别点击e、f、g、h、d、b、e点绘制衣身外框基本轮廓；按顺序分别点击f、l、h、g、f画出袖子基本轮廓，选择形状工具 ✎ 框选所画折线，在属性栏中点击转换成曲线 ✐ 调整所期望的曲线形状，完成左半部分款式的绘制；用同样的方法画出领子的基本轮廓。

选择矩形工具 ▢ 绘制一个长方形，并将长方形旋转至图中角度，绘制袋口（图7-2~图7-4）。

步骤4——镜像：点击挑选工具 ▶ 选择要复制的部分，按Ctrl+C复制再按Ctrl+V粘贴，点击交互式属性栏中的水平镜像 ▥ 进行镜像操作，并将其移动到合适的位置（快捷方法：挑选衣服轮廓，按住Ctrl键，移动到另一边合适的位置，按右键即可完成镜像）（图7-5）。

步骤5——画纽扣、明线：选择椭圆工具 ▢，按住Ctrl画第一粒纽扣，然后按Ctrl+C复制再按Ctrl+V粘贴，完成第三粒纽扣的绘制，将第一和第三粒纽扣分别放在合适位置，按调和工具 ✐ 左击第一粒纽扣并拉动到第三

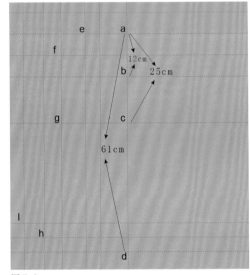

图 7-2

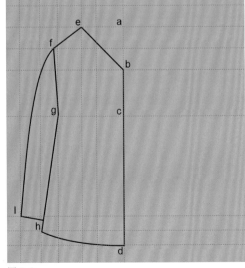

图 7-3

粒，然后在属性栏上设置好相应值 ![属性栏] 完成第一排纽扣，再将第一排复制移动到相应位置，完成第二排纽扣。选择钢笔工具 ![钢笔工具] 绘制底摆和袖口明线，完成童装外套基型的绘制（图7-6）。

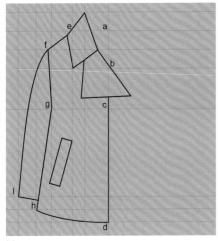
图 7-4

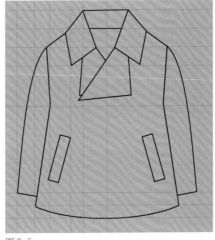
图 7-5

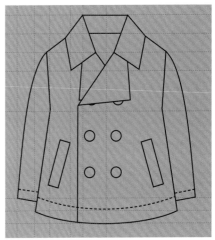
图 7-6

# 任务2 童装外套拓展设计

## 2.1 童装外套设计元素：廓形

廓形包括A形、X形、H形、O形、T形等（图7-7）。

图 7-7

图 7-8

☆童装外套廓形（H形）拓展设计绘制步骤（图7-8）：

步骤1——绘制轮廓、镜像：将绘制好的基型外轮廓设置为黑色虚线，虚线粗细为3.0mm；在基型的基础上绘制此款，选择钢笔工具 ![钢笔工具]，将轮廓设置为白色实线，线条粗细为3.0mm，绘制外套左边基本轮廓，选择形状工具 ![形状工具] 调整所期望的曲线形状，完成左边外套轮廓的绘制。点击挑选工具 ![挑选工具] 选择要复制的部分，按Ctrl+C复制再按Ctrl+V粘贴，然后点击交互式属性栏中的水平镜像 ![水平镜像] 进行镜像操作，并将其移动到合适的位置（快捷方法：挑选衣服轮廓，按住Ctrl

键，移动到另一边合适的位置，按右键即可完成镜像）。框选左右衣片，在属性栏中点击焊接完成左右衣片的连接（图7-9~图7-10）。

步骤2——绘制分割线、明线：选择钢笔工具绘制分割线和明线，选择形状工具调整所期望的曲线形状，在前片的基础上复制修改，完成后片绘制（图7-11~图7-12）。

步骤3——绘制毛领：第一步，选择钢笔工具画毛领基本轮廓；第二步，点击变形工具，在属性栏选择拉链变形并在框内设置相应值；第三步，选择推拉变形并在框内设置相应值；第四步，选择拉链变形并在框内设置相应值；第五步，选择推拉变形并在框内设置相应值；第六步，点击挑选工具，在调色板上点击白色，填充颜色；第七步，复制一个填好颜色的毛领图案，并按住Shift键放大，选择挑选工具，在调色板上点击相应灰色，填充颜色；第八步，将白色与灰色图形相叠，点击灰色图形，按Ctrl+Pg Dn，完成毛领的绘制（图7-13）。

步骤4——填色：点击挑选工具将填好色的图案移至衣服相应位置，再选择需要填色的部位，单击调色板上的相应颜色进行填色（图7-14~图7-15）。

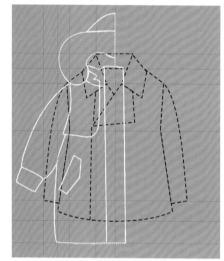
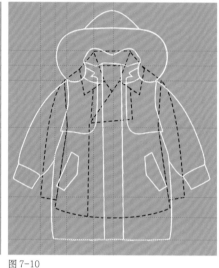

图7-9

图7-10

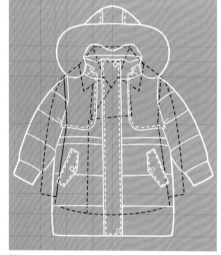
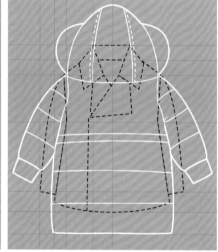

图7-11

图7-12

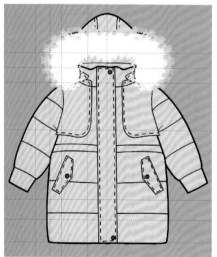
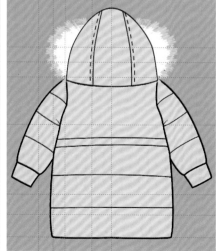

图7-13

图7-14

图7-15

图7-16

☆童装外套廓形（X形）拓展设计绘制步骤（图7-16）：

步骤1——绘制轮廓、镜像：将绘制好的基型外轮廓设置为黑色虚线，虚线粗细为3.0mm；在基型的基础上绘制此款，选择钢笔工具✐，将轮廓设置为白色实线，线条粗细为3.0mm，绘制外套左边基本轮廓，选择形状工具✎调整所期望的曲线形状，完成外套轮廓的绘制。框选左右衣片，在属性栏中点击焊接⬚完成左右衣片的连接（图7-17~图7-18）。

步骤2——画花朵装饰：选中椭圆形工具◯，按住Ctrl键画一个圆，然后单击转换为曲线图标⬚，利用形状工具✎在合适的位置双击，添加节点。用形状工具✎调整所期望的曲线形状画花瓣。选择矩形工具▢，在辅助线范围内拉出一个矩形，然后单击转换为曲线图标⬚。利用形状工具✎在合适的位置双击，添加节点，并调整所期望的曲线形状（图7-19）。

步骤3——画纽扣：选中椭圆形工具◯画正圆，选中圆，按Ctrl+C复制再按Ctrl+V粘贴，定位上下位置，选中调和工具⬚点选一个圆并拉向另外一个圆，在属性栏上填写数值⬚，完成第一排纽扣的绘制。按Ctrl+C复制再按Ctrl+V粘贴，并移动到第二排相应位置。复制前片，调整造型，选择钢笔工具✐绘制腰带，选择形状工具✎调整所期望的曲线形状，完成后片绘制（图7-20~图7-21）。

步骤4——填充颜色：选择填充工具⬚均匀填充… Shift+F11选择相应颜色，完成前后片颜色的填充（图7-22~图7-23）。

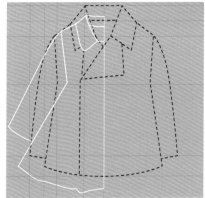

图7-17

图7-18

图7-19

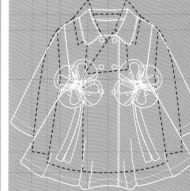

图7-20

图7-21

图7-22

图7-23

## 2.2 童装外套设计元素：领型

领型可分为无领、翻领、立领、西装领、连帽领等（图7-24）。

图7-24

☆童装外套领型（连帽领）拓展设计绘制步骤（图7-25）：

步骤1——绘制轮廓、镜像：将绘制好的基型外轮廓设置为黑色虚线，虚线粗细为3.0mm；在基型的基础上绘制此款，选择钢笔工具⬛，将轮廓设置为白色实线，线条粗细为3.0mm，绘制外套左边基本轮廓，选择形状工具⬛调整所期望的曲线形状，完成左边外套轮廓的绘制。点击挑选工具⬛选择要复制的部分，按Ctrl+C复制再按Ctrl+V粘贴，然后点击交互式属性栏中的水平镜像⬛进行镜像操作，并将其移动到合适的位置（快捷方法：挑选衣服轮廓，按住Ctrl键，移动到另一边合适的位置，按右键即可完成镜像）。框选左右帽子，在属性栏中点击焊接⬛，完成左右帽子的连接（图7-26~图7-27）。

步骤2——画袋口、纽扣及明线：选中椭圆形工具⬛，按住Ctrl键画一个圆，选中圆，复制粘贴，定位上下位置，选中调和工具⬛点选一个圆并拉向另外一个圆，在属性栏上填写⬛数值，完成纽扣绘制。选择矩形工具⬛画一个长方形，再将其旋转到袋口角度，完成袋口绘制。选择钢笔工具⬛画各部位明线，选择形状工具⬛调整所期望的曲线形状。复制前片，在前片的基础上修改成后片造型（图7-28~图7-29）。

步骤3——填色：点击挑选工具⬛框选需要填充的部位，单击调色板上的相应颜色进行填色（图7-30~图7-31）。

图7-25

图7-26

图7-27

图7-28

图7-29

图7-30

图7-31

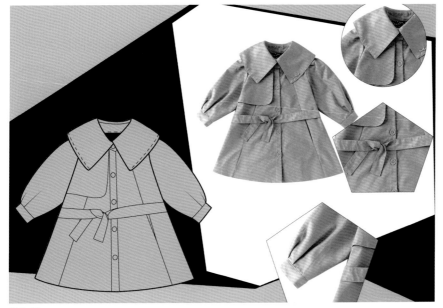

图 7-32

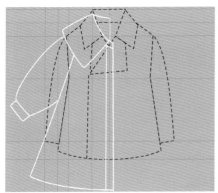

图 7-33

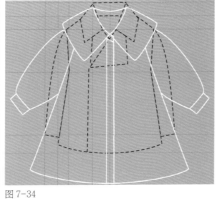

图 7-34

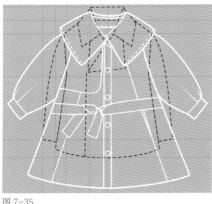

图 7-35

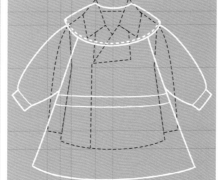

图 7-36

图 7-37

图 7-38

☆童装外套领型（翻领）拓展设计绘制步骤（图7-32）：

步骤1——绘制轮廓、镜像：将绘制好的基型外轮廓设置为黑色虚线，虚线粗细为3.0mm；在基型的基础上绘制此款，选择钢笔工具🖊，将轮廓设置为白色实线，线条粗细为3.0mm，绘制外套左边基本轮廓，选择形状工具🖊调整所期望的曲线形状，完成左边外套轮廓的绘制。点击挑选工具🖊选择要复制的部分，按Ctrl+C复制再按Ctrl+V粘贴，然后点击交互式属性栏中的水平镜像🖼进行镜像操作，并将其移动到合适的位置（快捷方法：挑选衣服轮廓，按住Ctrl键，移动到另一边合适的位置，按右键即可完成镜像）。框选左右衣领，在属性栏中选择焊接🖼，将左右衣领连接为一个整体（图7-33~图7-34）。

步骤2——绘制细节、后片：选中椭圆形工具🖊，按住Ctrl键画一个圆，选中圆并复制粘贴，定位上下位置，选中调和工具🖊点选一个圆并拉向另外一个圆，在属性栏上输入 [图标]，完成纽扣绘制。选择钢笔工具🖊画腰带、分割线及各部位明线，选择形状工具🖊调整所期望的曲线形状。将前片复制，后片在前片的基础上修改完成（图7-35~图7-36）。

步骤3——填色：点击挑选工具🖊选择需要填色部位，单击调色板上的相应颜色进行填色（图7-37~图7-38）。

## 2.3 童装外套设计元素：袖型

袖型包括装袖、插肩袖、连身袖、长袖、短袖、七分袖等（图7-39）。

图 7-39

☆童装外套袖型（插肩袖）拓展设计绘制步骤（图7-40）：

步骤1——绘制轮廓、镜像：将绘制好的基型外轮廓设置为黑色虚线，虚线粗细为3.0mm；在基型的基础上绘制此款，选择钢笔工具，将轮廓设置为白色实线，线条粗细为3.0mm，绘制外套左边基本轮廓，选择形状工具调整所期望的曲线形状，完成左边外套轮廓的绘制。点击挑选工具选择要复制的部分，按Ctrl+C复制再按Ctrl+V粘贴，然后点击交互式属性栏中的水平镜像进行镜像操作，并将其移动到合适的位置（快捷方法：挑选衣服轮廓，按住Ctrl键，移动到另一边合适的位置，按右键即可完成镜像）。框选左右帽子，在属性栏中选择焊接，将左右帽子连接为一个整体（图7-41~图7-42）。

步骤2——绘制细节、后片：选中椭圆形工具，按住Ctrl键画一个圆，放置在第一粒纽扣的位置，选中圆并复制粘贴，完成第二粒纽扣，再复制粘贴完成最后一粒纽扣，定位上下位置，选中调和工具点选第二个圆并拉向最后一个圆，在属性栏上填写数值，完成纽扣绘制。选择钢笔工具，画分割线、褶皱线及各部位明线，选择形状工具调整所期望的曲线形状。将前片复制，后片在前片的基础上修改完成（图7-43~图7-44）。

步骤3——填色：点击挑选工具选择需要填色部位，单击调色板上的相应颜色进行填色（图7-45~图7-46）。

图 7-40

图 7-41

图 7-42

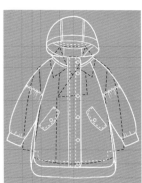

图 7-43

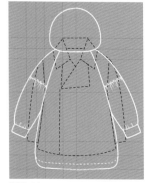

图 7-44

图 7-45

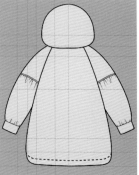

图 7-46

☆童装外套袖型（装袖）拓展设计绘制步骤（图7-47）：

步骤1——绘制轮廓、镜像：将绘制好的基型外轮廓设置为黑色虚线，虚线粗细为3.0mm；在基型的基础上绘制此款，选择钢笔工具🖊，将轮廓设置为白色实线，线条粗细为3.0mm，绘制外套左边基本轮廓，选择形状工具🖌调整所期望的曲线形状，完成左边外套轮廓的绘制。点击挑选工具➤选择要复制的部分，按Ctrl+C复制再按Ctrl+V粘贴，然后点击交互式属性栏中的水平镜像🔄进行镜像操作，并将其移动到合适的位置（快捷方法：挑选衣服轮廓，按住Ctrl键，移动到另一边合适的位置，按右键即可完成镜像）。框选左右后领，在属性栏中选择焊接🔲，将左右领片连接为一个整体（图7-48~图7-49）。

步骤2——绘制细节、后片：选中椭圆形工具⬭，按住Ctrl键画一个圆，再复制粘贴，画最后一粒纽扣，定位上下位置，选中调和工具🔁点选第一个圆并拉向另一个圆，在属性栏上填写 🔲数值，完成一排纽扣的绘制，再复制这一排纽扣并放到适合位置，完成第二排纽扣的绘制。选择钢笔工具🖊绘制分割线、口袋线、装饰线及各部位明线，选择形状工具🖌调整所期望的曲线形状。将前片复制，后片在前片的基础上修改完成（图7-50~图7-51）。

步骤3——填色：在菜单栏上点击窗口—泊坞窗—颜色，将颜色泊坞窗调出并放置右侧，点击挑选工具🖌选择相应颜色进行填充（图7-52~图7-53）。

图7-47

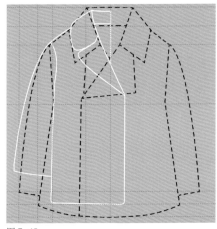

图7-48

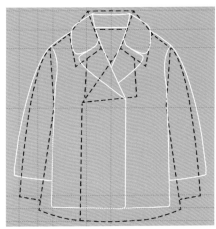

图7-49

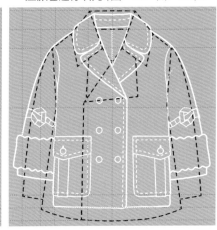

图7-50

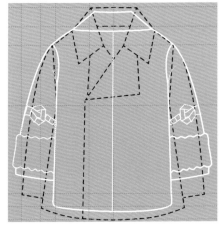

图7-51

图7-52

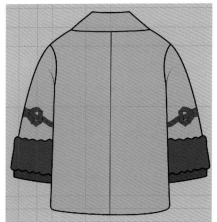

图7-53

## 2.4 童装外套设计元素：装饰形式

装饰形式有拼色、印花、滚边、刺绣等（图7-54）。

图 7-54

☆童装外套装饰形式（印花）拓展设计绘制步骤（图7-55）：

步骤1——绘制轮廓、镜像：将绘制好的基型外轮廓设置为黑色虚线，虚线粗细为3.0mm；在基型的基础上绘制此款，选择钢笔工具 🖋，将轮廓设置为白色实线，线条粗细为3.0mm，绘制外套左边基本轮廓，选择形状工具 🔧 调整所期望的曲线形状，完成左边外套轮廓的绘制。点击挑选工具 ▶ 选择要复制的部分，按Ctrl+C复制再按Ctrl+V粘贴，然后点击交互式属性栏中的水平镜像 🔛 进行镜像操作，并将其移动到合适的位置（快捷方法：挑选衣服轮廓，按住Ctrl键，移动到另一边合适的位置，按右键即可完成镜像）。框选外套左右衣身，在属性栏中点击焊接 🔲，完成外套左右衣片的连接（图7-56~图7-57）。

图 7-55

步骤2——画拉链、后片：选择矩形工具 🔲，设置线条粗细为1.5mm，并右键单击颜色色块，设置线条的颜色，在辅助线范围内拉出一个矩形，然后单击转换为曲线图标 🔗（或右键选择，快捷键Ctrl+Q），利用形状工具 🔧 在合适的位置双击添加节点并调整成直线框。点击形状工具 🔧 调整所期望的曲线形状。选择手绘工具 〰 画直线，结合变形工具 ⟐ 绘制拉链齿，然后在属性栏上按照表中数值 ⬚⬚⬚⬚⬚⬚⬚⬚⬚ 调节好拉链齿，完成拉链绘制。复制前片，在前片基础上修改完成后片造型（图7-58~图7-59）。

图 7-56

图 7-57

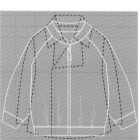

图 7-58

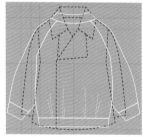

图 7-59

图 7-60

图 7-61

步骤3——绘制图案、填充颜色：绘制好图案，选择工作栏上对象 对象(C) 中的 PowerClip(W) ▶ 🗒 置于图文框内部(P)... 按钮，选择调和好的图案，点击需要置入的衣片。选择填充工具 🪣 ▦ 均匀填充... Shift+F11 填充颜色（图7-60~图7-62）。

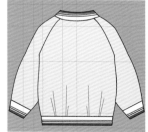

图 7-62

图 7-63

图 7-64

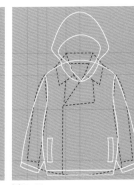

图 7-65

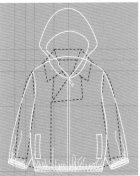

图 7-66

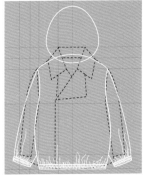

图 7-67

图 7-68

图 7-69

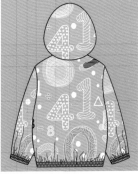

图 7-70

☆童装外套装饰形式（印花）拓展设计绘制步骤（图7-63）：

步骤1——绘制轮廓、镜像：将绘制好的基型外轮廓设置为黑色虚线，虚线粗细为3.0mm；在基型的基础上绘制此款，选择钢笔工具，将轮廓设置为白色实线，线条粗细为3.0mm，绘制外套左边基本轮廓，选择形状工具调整所期望的曲线形状，完成左边外套轮廓的绘制。点击挑选工具选择要复制的部分，按Ctrl+C复制再按Ctrl+V粘贴，然后点击交互式属性栏中的水平镜像进行镜像操作，并将其移动到合适的位置（快捷方法：挑选衣服轮廓，按住Ctrl键，移动到另一边合适的位置，按右键即可完成镜像）。框选外套左右衣片，在属性栏中点击焊接，完成左右衣片的连接（图7-64~图7-65）。

步骤2——绘制细节：选择矩形工具，设置线条粗细为1.5mm，并右键单击颜色色块设置线条的颜色，在辅助线范围内拉出一个矩形，然后单击转换为曲线图标（或右键选择，快捷键Ctrl+Q），利用形状工具在合适的位置双击添加节点并调整成直线框。点击形状工具调整所期望的曲线形状。选择手绘工具画直线，结合变形工具绘制拉链齿，然后在属性栏上按照表中数值调节好拉链齿，完成拉链的绘制。选择矩形工具，在辅助线范围内拉出一个矩形，然后单击转换为曲线图标，点击形状工具调整所期望的曲线形状，完成袋口绘制；选择手绘工具绘制下摆及袖口罗纹褶皱线，点击形状工具调整弧线造型；复制前片，在前片的基础上调整成后片（图7-66~图7-67）。

步骤3——绘制图案、填色：绘制好图案，选择工作栏上对象 对象(C) 中的 PowerClip(W) ▶ 置于图文框内部(P)…，选择调和好的图案，点击需要置入的衣片。选择填充工具 均匀填充 Shift+F11 填充颜色（图7-68~图7-70）。

# 任务3 童装外套自由设计

## 3.1 插肩圆领长袖童装外套款式绘制（图 7-71 ～图 7-77）

图 7-71

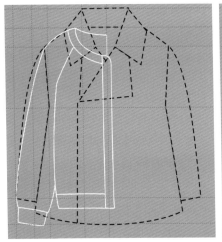

图 7-72

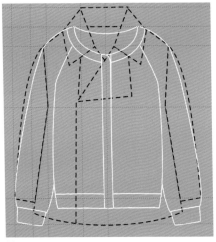

图 7-73

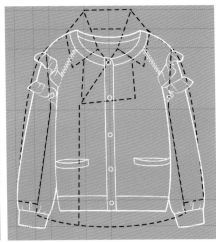

图 7-74

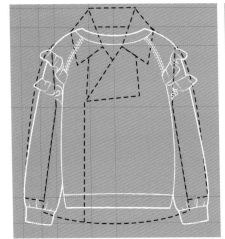

图 7-75

图 7-76

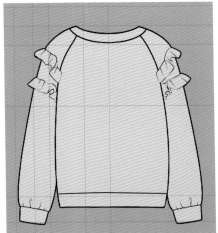

图 7-77

## 3.2 童装长款立领棉衣外套款式绘制（图 7-78 ~ 图 7-84 ）

图 7-78

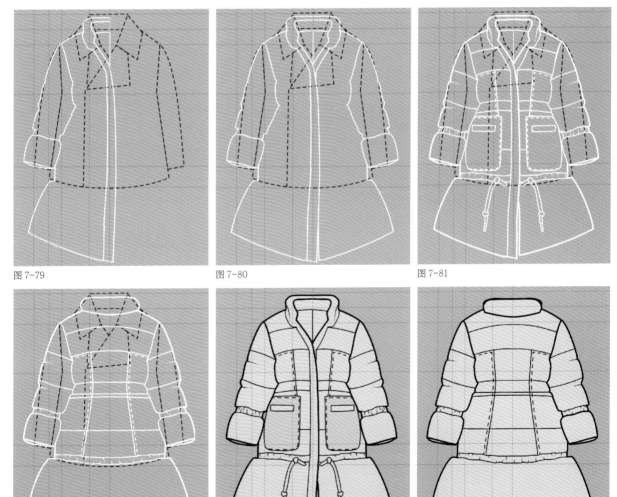

图 7-79　　　　　　　　图 7-80　　　　　　　　图 7-81

图 7-82　　　　　　　　图 7-83　　　　　　　　图 7-84

### 3.3 翻领插肩袖童装风衣款式绘制（图 7-85 ～ 图 7-91）

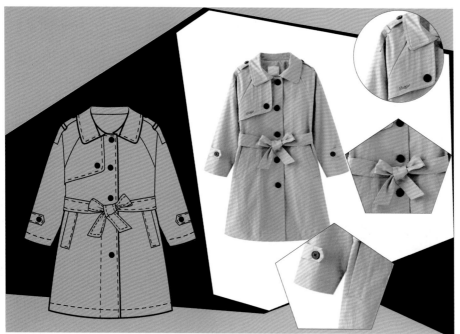

图 7-85

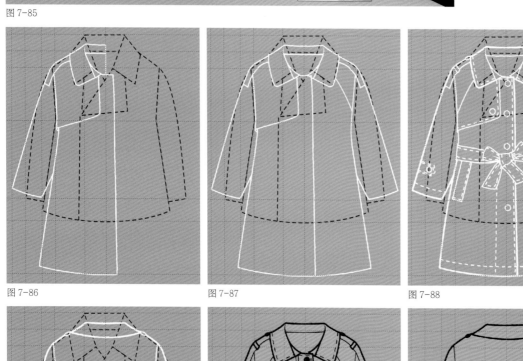

图 7-86

图 7-87

图 7-88

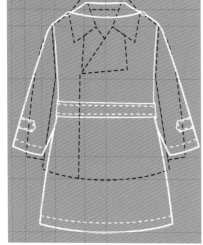

图 7-89

图 7-90

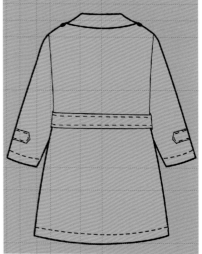

图 7-91

## 3.4 童装连帽立领外套款式绘制（图 7-92 ~ 图 7-98）

图 7-92

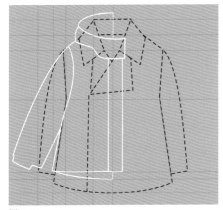

图 7-93

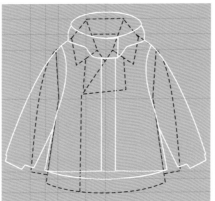

图 7-94

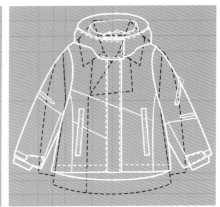

图 7-95

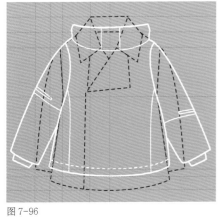

图 7-96

图 7-97

图 7-98

## 3.5 童装连帽领插肩袖外套款式绘制（图 7-99 ~ 图 7-105）

图 7-99

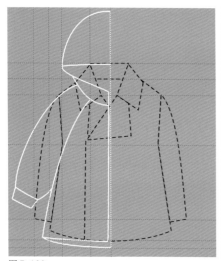

图 7-100

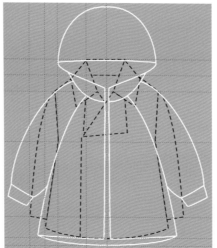

图 7-101

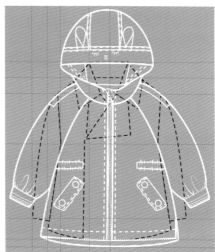

图 7-102

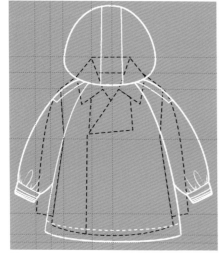

图 7-103

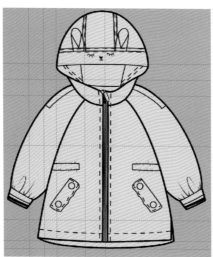

图 7-104

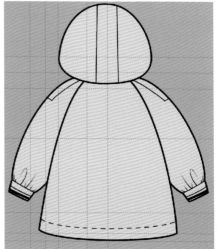

图 7-105

## 3.6 童装 A 形风衣款式绘制（图 7-106 ~ 图 7-112）

图 7-106

图 7-107

图 7-108

图 7-109

图 7-110

图 7-111

图 7-112

## 3.7 童装翻领落肩风衣款式绘制（图 7-113 ~ 图 7-120）

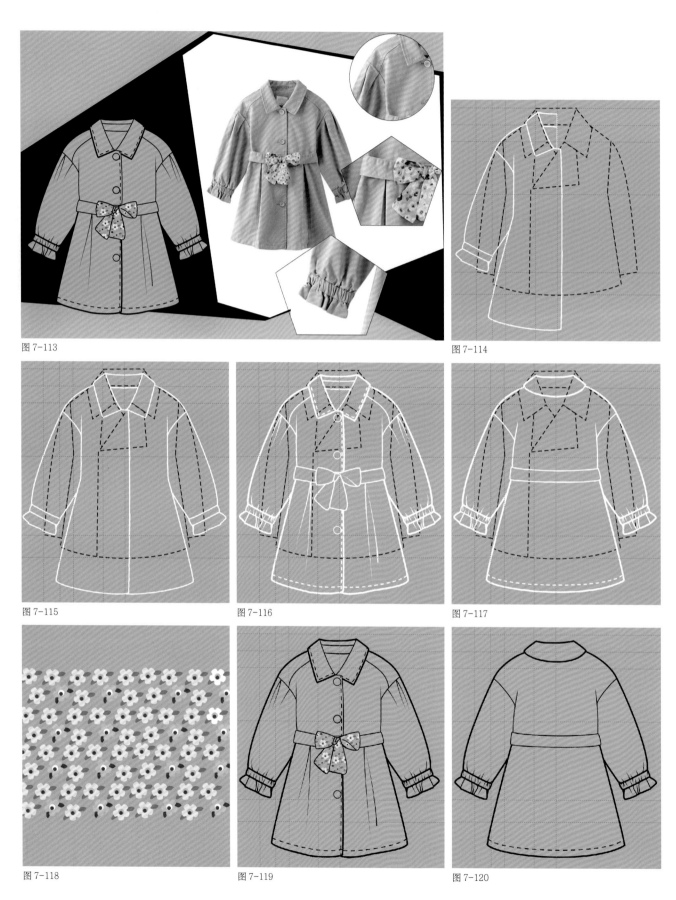

图 7-113

图 7-114

图 7-115

图 7-116

图 7-117

图 7-118

图 7-119

图 7-120

## 3.8 童装拼色防风衣款式绘制（图 7-121 ～ 图 7-127）

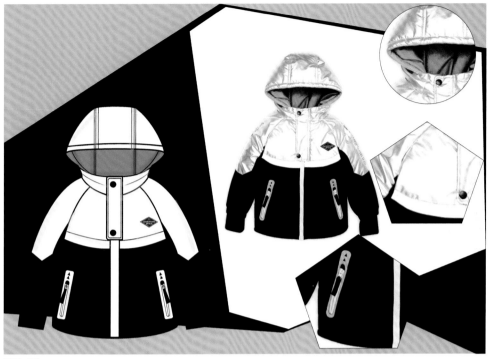

图 7-121

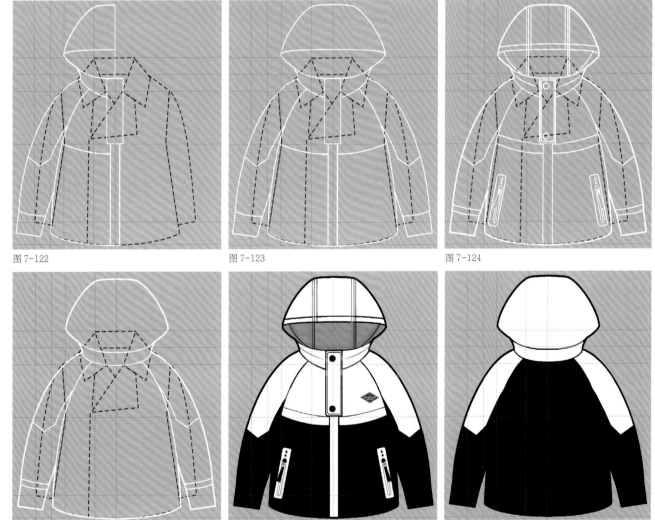

图 7-122

图 7-123

图 7-124

图 7-125

图 7-126

图 7-127

## 3.9 童装插袖拉链装饰外套款式绘制（图7-128 ~ 图7-134）

图 7-128

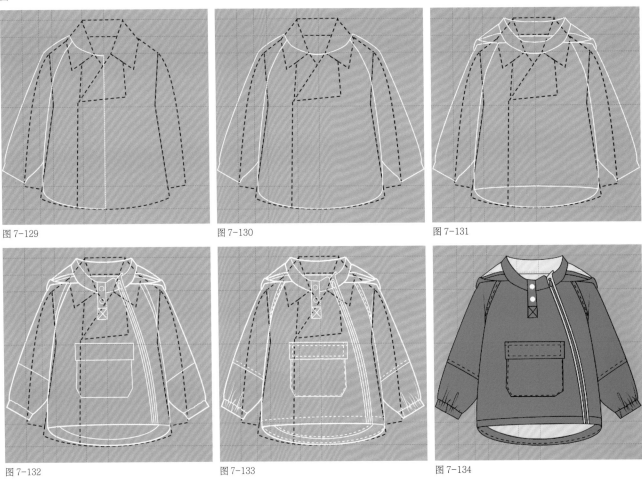

图 7-129

图 7-130

图 7-131

图 7-132

图 7-133

图 7-134

# 任务4 童装外套课后练习（图7-135～图7-138）

图7-135

图 7-136

图 7-137

图 7-138